つなげば動く！

# Python ふりがなプログラミング

## パターン文例

株式会社ビープラウド・監修
リブロワークス・著

## 監修者プロフィール

### 株式会社ビープラウド

ビープラウドは、2008年にPythonを主言語として採用、また優秀なPythonistaがより力を発揮できる環境作りに努めています。Pythonに特化したオンライン学習サービス「PyQ（パイキュー）」などを通してそのノウハウを発信しています。また、IT勉強会支援プラットフォーム「connpass（コンパス）」の開発・運営や勉強会「BPStudy」の主催など、コミュニティ活動にも積極的に取り組んでいます。
https://www.beproud.jp/

監修メンバー：鈴木たかのり（@takanory）、甲斐光彦（@johnsmith0951）、村川憲伸（@kemu43）、横山直敬（@NaoY_py）

読者の皆様は、PyQ™の一部の機能を3日間無料で体験できます。Pythonをブラウザ上で学べますので、ぜひチャレンジしてください。無料体験は https://pyq.jp/ にアクセスして「学習を始める」ボタンをクリックし、画面の案内にしたがってキャンペーンコード「furipy2」を入力してください。体験するにはクレジットカードの登録が必要です。

## 著者プロフィール

### リブロワークス

書籍の企画、編集、デザインを手がけるプロダクション。手がける書籍はスマートフォン、Webサービス、プログラミング、WebデザインなどIT系を中心に幅広い。最近の著書は『できる 仕事がはかどる文字入力高速化 全部入り。』(インプレス)、『今すぐ使えるかんたんmini パソコンで困ったときの解決&便利技［ウィンドウズ 10 対応］［改訂2版］』(技術評論社)、『スマホの「わからない！」をぜんぶ解決する本 最新版』(宝島社）など。
http://www.libroworks.co.jp/

※「ふりがなプログラミング」は株式会社リブロワークスの登録商標です。

# はじめに

Pythonの初学者向け書籍が多く出版されている中、『つなげば動く！　Python ふりがなプログラミング パターン文例80』を手にとっていただき、ありがとうございます。

本書は前作『スラスラ読めるPythonふりがなプログラミング』に続き、プログラムにふりがなを振ることで、日本語的にプログラムを理解できるようになっています。Pythonの基礎を学びたい方は、まずは前作を手にとっていただくことでより一層スムーズに本書を読み進めていただけます。

続編となる本書では、「入門書を読んでPythonを学び始めたけれど、次に何をすればいいかわからない」という方が次のステップへ進む助けとなることを目的としました。

「覚えたことをどういう風に活用すればいいかわからない」と感じることは、初学者によくあることです。本書ではこのような疑問を解消するために、よく使う関数（もしくはメソッド）を「文例」として紹介し、章の後半で複数の文例を合体した応用例を載せています。これらの文例を使いファイルを操作したり、画像を加工したりして実用的なプログラムに触れながらPythonの学びを深めることができます。

この「合体」という考え方はプログラミングを学ぶ上でとても重要です。どんな大規模なシステムも、多くの関数の組み合わせで作られています。それぞれの関数の役割や活用方法を理解し、実用的に使えるようになることが初学者プログラマーとしての次なるステップです。それぞれの文例の使い方を把握して、うまく組み合わせていきましょう！

本書で紹介する文例以外にも、Pythonには多くの関数が存在します。これらの詳しい説明はPythonの公式ドキュメント（https://docs.python.org/ja/3/）で閲覧できます。公式ドキュメントはどのWebサイトよりも正確な最新の情報を得ることができ、プログラムを書くときに強力なリファレンスとなります。文例で物足りなくなったら覗いてみることをおすすめします。

本書がみなさまのPython学習の次なる一歩を踏み出すきっかけになれば幸いです。

2020年7月　ビープラウド

## CONTENTS


監修者・著者紹介 …… 002
はじめに …… 003
あとがき …… 244
索引 …… 245
サンプルファイル案内・スタッフ紹介 …… 247

Chapter 1

型が合えば組み合わせて使える …… 009

01 どうしたら自分でプログラムを作れるようになるの？ …… 010
02 「型」の組み合わせ方を「文例」で表す …… 014
03 文例を組み合わせてプログラムを作ってみよう …… 018

Chapter 2

ファイル操作のための文例 F D …… 027

01 ファイルを扱うpathlib …… 028
F1 フォルダ内のファイルを繰り返し処理する …… 030
F2 サブフォルダ内のファイルも対象にする …… 032
F3 テキストファイルを読み込む …… 034
F4 テキストファイルに書き込む …… 036
F5 ファイルが存在するかチェックする …… 038
F6 ファイルかフォルダかを見分ける …… 040
F7 ファイル名をパターンマッチする …… 042
F8 ファイル名や拡張子を取り出す …… 044
F9 ファイルやフォルダの名前を変更する …… 046
F10 ファイルやフォルダを移動する …… 048
F11 ファイルやフォルダをコピーする …… 050
F12 ファイルを削除する …… 052

F13 フォルダを作成する 054
F14 フォルダを削除する 056
F15 ファイルの最終更新日時を調べる 058
D1 現在の日時を取得する 060
D2 日付データを指定した書式の日付文字列にする 062
合体 ファイルを拡張子ごとに整理する 064
合体 古いファイルをサブフォルダの中に片付ける 068

Chapter 3

テキストを扱う文例 T 073

01 テキストに対して行える処理 074
T1 文字列の長さを調べる 076
T2 アルファベットの大文字／小文字を変換する 078
T3 単語の出現数を調べる 080
T4 文字列を区切り文字で分割したリストにする 082
T5 文字列を行ごとに分割したリストにする 084
T6 文字列のリストを連結して1つの文字列にする 086
T7 部分文字列の出現位置を調べる 088
T8 先頭が特定の単語で始まるかチェックする 090
T9 文字列を置換する 092
T10 ゼロで埋めて桁揃えする 094
T11 正規表現を使ってパターンマッチする 096
T12 パターンに一致するものをすべて見つける 098
T13 正規表現を使って置換する 100
合体 フォルダ内のテキストファイルをすべて置換処理して保存する 104
合体 置換リストを使ってまとめて置換する 108
合体 ファイルを拡張子ごとに整理する処理をパワーアップする 112

Chapter 4

## リストを扱う文例 L


リストを扱う文例 L …… 117

01 リストに対して行える処理 …… 118
L1 リストから値とインデックスを取り出す …… 120
L2 リストの末尾に要素を追加する …… 122
L3 リストから特定の値を削除する …… 124
L4 リストの指定した位置の要素を削除する …… 126
L15 リストを逆順で繰り返す …… 128
L6 複数のリストをまとめて繰り返し処理する …… 130
L7 内包表記を使ってすばやくリストを作る …… 132
L8 リストを並べ替える …… 134
L9 itertoolsを使って多重ループを簡潔に書く …… 136
L10 辞書から値とキーを取り出す …… 138
合体 拡張子別にファイル数を集計する …… 140
合体 テキストファイルを行ごとに並べ替えて保存する …… 144
合体 食材の組み合わせで献立を考える …… 148


Chapter 5

## 画像を扱う文例 I


画像を扱う文例 I …… 153

01 Pythonで画像を処理するPillow …… 154
I1 画像ファイルを開く …… 156
I2 画像を保存する …… 158
I3 画像をリサイズする …… 160
I4 画像をトリミングする …… 162
I5 画像を回転する …… 164
I6 画像をグレースケールに変換する …… 166
I7 画像を合成する …… 168
I8 イメージに描き込むためのオブジェクトを作る …… 170

I9 画像に四角や円を描く 172
I10 画像に文字列を書き込む 176
合体 写真のサムネイルを作成する 180
合体 写真にファイル作成日を載せる 184

Chapter 6

## データの集計・分析のための文例 P

191
01 データの集計・分析を助けるpandas 192
P1 CSVファイルを読み込む 194
P2 Excelファイルを読み込む 196
P3 CSVファイルを書き出す 198
P4 Excelファイルを書き出す 200
P5 CSVファイル読み込み時に日付と数値を変換する 202
P6 表の行と列を転置する 204
P7 1列分の合計を求める 206
P8 行／列ごとの合計を求める 208
P9 辞書データからDataFrameオブジェクトを作る 210
P10 複数のDataFrameを連結する 212
P11 列や行を削除する 214
P12 日付の連続データを作る 216
P13 累積和を求める 218
P14 抜けた値を補間する 220
P15 DataFrameオブジェクトからグラフを作る 222
P16 グラフの軸の書式を設定する 226
P17 グラフを画像として保存する 230
合体 1カ月分の日付の表をExcelファイルに書き出す 232
合体 合計列をDataFrameオブジェクトに追加する 236
合体 複数のExcelファイルのデータを連結してグラフを作る 240

## 本書の読み方

本書のChapter 2〜6では、合体可能な「文例」を紹介し、その組み合わせでプログラムを作る方法を解説しています。文例の目的についてはChapter 1をお読みください。また、サンプルファイルのダウンロードについては、P.247で案内しています。

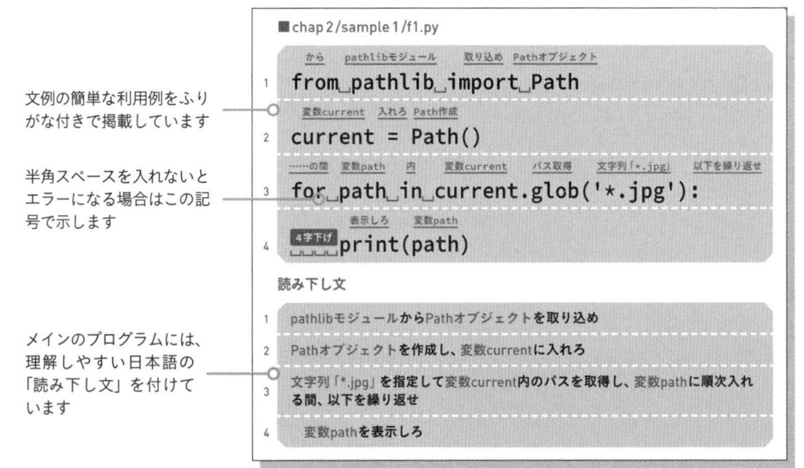

# Chapter 1

# 型が合えば<br>組み合わせて使える

NO 01

# どうしたら自分でプログラムを作れるようになるの？

先輩！　私、Pythonの入門書3冊読破しましたよー！

それはすごい！　もう基本文法はバッチリだね

で、次は何をすればいいんでしょう……？

「何をすれば」って、何か作ればいいんじゃないの？

そのやり方がわからないんですよ……。何か秘訣があるんじゃないですか？

## 入門と実践の間の秘訣なんかない？

一般的なプログラミングの入門書やスクールでは、短いサンプルプログラムを入力しながら条件分岐や繰り返しといったプログラムの文法を覚えていきます。そのあとは特に決まったコースはありません。プロの開発者になった人の話を聞いても、大まかに文法を覚えたあとは、すぐに自分の作りたいものに挑戦するか、OJT的に仕事上の経験を積んでいくのが一般的で、特に入門と実践の間をつなぐ学習方法はないようです。

英会話の入門書を読み終えたらすぐにアメリカ人と仕事をしたり、自動車教習所で何回か走ったあとすぐに公道に出たりするようなものでしょうか。実践こそが最高の教師ということですね。

しかし、本当に秘訣は何もないのでしょうか？　実践の中でみんなが無意識に身に付けている何かがあるのではないでしょうか？　この本ではその「何か」を突き詰めて考えてみたいと思います。

秘訣はないんですか……。もうゼツボウです……

実践あるのみというのが一般的な認識だね。でも、プログラムを書いている人が無意識にやっていることに注目すれば、そこを法則化できるかもしれない



## プログラムを比べてみると……

例えば、「テキストファイルのアルファベットをすべて小文字にするプログラム」と「テキストファイルの『パイソン』を『Python』に置換するプログラム」があるとします。何となく予想がつくと思いますが、この2つのプログラムの内容はよく似たものになります。

■chap1/c1_1_1.py

```
from pathlib import Path
current = Path()
for path in current.glob('*.txt'):
  txt = path.read_text(
    encoding='utf-8')
  txt = txt.lower()  大文字を小文字に変換
  print(txt)
```

■chap1/c1_1_2.py

```
from pathlib import Path
current = Path()
for path in current.glob('*.txt'):
  txt = path.read_text(
    encoding='utf-8')
  txt = txt.replace('パイソン', 'Python') ―― 「パイソン」を「Python」に置換
  print(txt)
```

これらのプログラムの意味はまたあとで説明しますが、「テキストファイルを開いて、何かをして表示する」部分は同じなので、1行しか違いません。「txt.lower()」と「txt.replace('パイソン', 'Python')」という部分です。txtは直前の「txt = path.read_text(……)」のところで作成した変数なので、どちらもtxtという変数に対して何かをしていることは見てわかると思います。

基本文法が理解できている人がc1_1_1.pyを見ると、c1_1_2.pyが作れることはすぐにわかるんだよね

え、何でですか？　そこが知りたい！

## 変数の中に入っているものの「型」に注目しよう

txtという変数には文字列、つまりstr型のオブジェクトが入っています。なぜそれがわかるのかというと、直前のread_text()がファイルから読み込んだ文字列を返すメソッドだからです。そして、文字列が入っていることから、lowerやreplaceなどの文字列用のメソッドが使えることが推測できます。

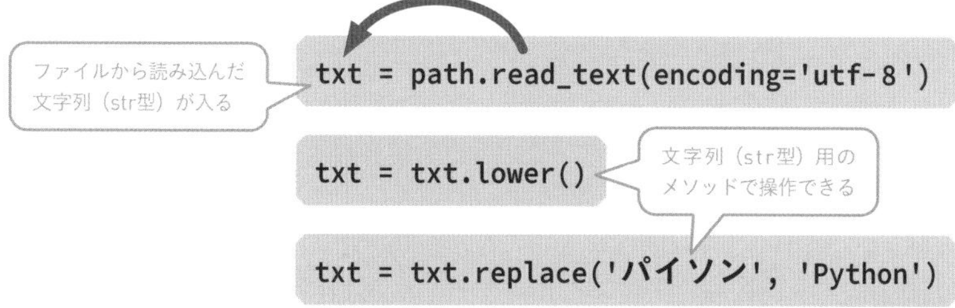


これらの情報はすべてPythonの標準ライブラリのドキュメントで解説されています。

- **pathlib --- オブジェクト指向のファイルシステムパス**
  https://docs.python.org/ja/3/library/pathlib.html#pathlib.Path.read_text
- **文字列メソッド**
  https://docs.python.org/ja/3/library/stdtypes.html#string-methods

Path.**read_text**(*encoding=None*, *errors=None*)

指定されたファイルの内容を文字列としてデコードして返します:

```
>>> p = Path('my_text_file')
>>> p.write_text('Text file contents')
18
>>> p.read_text()
'Text file contents'
```

ファイルを開いた後に閉じます。オプションのパラメーターの意味は open() と同じです。

バージョン 3.5 で追加.

Path.**rename**(*target*)

Rename this file or directory to the given *target*, and return a new Path instance pointing to *target*. On Unix, if *target* exists and is a file, it will be replaced silently if the user has permission. *target* can be either a string or

pathlibのページでread_textメソッドが文字列を返すことが解説されています。

str.**lower**()

全ての大小文字の区別のある文字 [4] が小文字に変換された、文字列のコピーを返します。

使われる小文字化のアルゴリズムは Unicode Standard のセクション 3.13 に記述されています。

str.**lstrip**([*chars*])

文字列の先頭の文字を除去したコピーを返します。引数 *chars* は除去される文字の集合を指定する
す。*chars* が省略されるか None の場合、空白文字が除去されます。*chars* 文字列は接頭辞ではな
値に含まれる文字の組み合わせ全てがはぎ取られます:

文字列メソッドのページにlowerメソッドとreplaceメソッドの解説があります。

str.**replace**(*old*, *new*[, *count*])

文字列をコピーし、現れる部分文字列 *old* 全てを *new* に置換して返します。オプション引数 *count* が与えられている場合、先頭から *count* 個の *old* だけを置換します。

str.**rfind**(*sub*[, *start*[, *end*]])

文字列中の領域 s[start:end] に *sub* が含まれる場合、その最大のインデックスを返します。オプション引数 *start* および *end* はスライス表記と同様に解釈されます。*sub* が見つからなかった場合 -1 を返します。

str.**rindex**(*sub*[, *start*[, *end*]])

rfind() と同様ですが、*sub* が見つからなかった場合 ValueError を送出します。

ちなみに、lowerメソッドとreplaceメソッドの解説には「文字列のコピーを返します」と書いてあります。これはメソッドがstr型オブジェクトを直接変更するのではなく、複製に対して変更処理をした結果を返すという意味です。そのため、c1_1_1.pyとc1_1_2.pyでは各メソッドの戻り値を変数txtに入れています。

要するに公式ドキュメントを読めってことですか？

それもあるけど、大事なのはメソッドがどんな型を返すかと、その型がどんなメソッドを持つかを知ることだよ

read_txtメソッドは文字列（str型のオブジェクト）を返します。そして、文字列はlowerメソッドやreplaceメソッドを持っています。その他にもlowerメソッドやreplaceメソッドの代わりに使えるものがいろいろあります。

この関係が理解できれば、**データの型やメソッドの組み合わせ方**が見えてきて、ちょっとしたプログラムなら自由に書けるようになるのです。

# NO 02 「型」の組み合わせ方を「文例」で表す

公式ドキュメントを読み解く自信がないんです。どこに何が書いてあるのか探せなくて……

ちょっと慣れが必要かもね。そこで、公式ドキュメントなどに書かれている情報を「文例」としてまとめてみたんだ

## 文例の読み方

この本の文例は、公式の標準ライブラリやサードパーティ製ライブラリのドキュメントを参考に、簡単に組み合わせられるよう工夫したものです。

グレーで塗った部分は、他の文例との**ジョイント（連結部）**を表しています。文例の上のジョイントは、文例を実行するために他の文例と連結が必要なことを表します。そこに「path　Pathオブジェクト」とあれば、Pathオブジェクトが入った変数pathが必要になります。

### テキストファイルに書き込む

変数path　変数txt
```
path Pathオブジェクト    txt strオブジェクト
```
変数path　テキストを書き込め　変数txt　引数encodingに文字列「utf-8」
```
path.write_text(txt, encoding='utf-8')
```
変数path　変数txt
```
path Pathオブジェクト    txt strオブジェクト
```

Path オブジェクトが入った変数 path と str オブジェクトが入った変数 txt を提供する文例との合体が必要

Path オブジェクトが入った変数 path を利用する文例か、str オブジェクトが入った変数 txt を利用する文例と合体可能

文例の下のジョイントは、あとに組み合わせ可能な文例を表します。そこに「txt　strオブジェクト」とあれば、strオブジェクトを入れた変数txtを利用する文例を組み合わせることができます。

## 文例を合体する

実際に合体例を見てみましょう。先ほど見せたc1_1_1.pyは文例F1＋F3＋T2の組み合わせです。

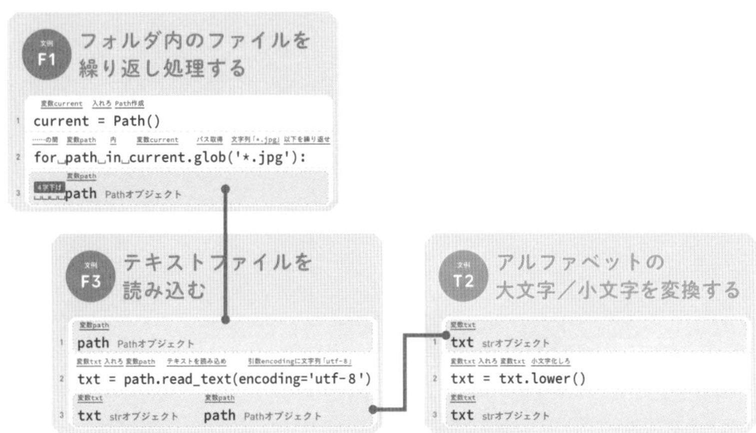


文例を合体したものをふりがな付きで見てみましょう。

■chap1/c1_1_1.py

```
から pathlibモジュール 取り込め Pathオブジェクト
from pathlib import Path

変数current 入れろ Path作成
current = Path()

……の間 変数path 内 変数current パス取得 文字列「*.txt」 以下を繰り返せ
for path in current.glob('*.txt'):

変数txt 入れろ 変数path テキストを読み込め
    txt = path.read_text(

引数encodingに文字列「utf-8」
        encoding='utf-8')

変数txt 入れろ 変数txt 小文字化しろ
    txt = txt.lower()

表示しろ 変数txt
    print(txt)
```

## 読み下し文

1 pathlibモジュールからPathオブジェクトを取り込め

2 Pathオブジェクトを作成し、変数currentに入れろ

3 文字列「*.txt」を指定して変数current内のパスを取得し、変数pathに順次入れる間、以下を繰り返せ

4 5 引数encodingに文字列「utf-8」を変数pathからテキストを読み込み、結果を変数txtに入れろ

6 変数txtを小文字化して変数txtに入れろ

7 変数txtを表示しろ

最後に変数の内容を表示するprint関数も書いていますが、print関数はあまりにも基本的なものなので文例とはしないことにします。

ほー、合体しましたね。パズルみたい

文例T2を文例T9に変更したら、c1_1_2.pyに変わるんだ

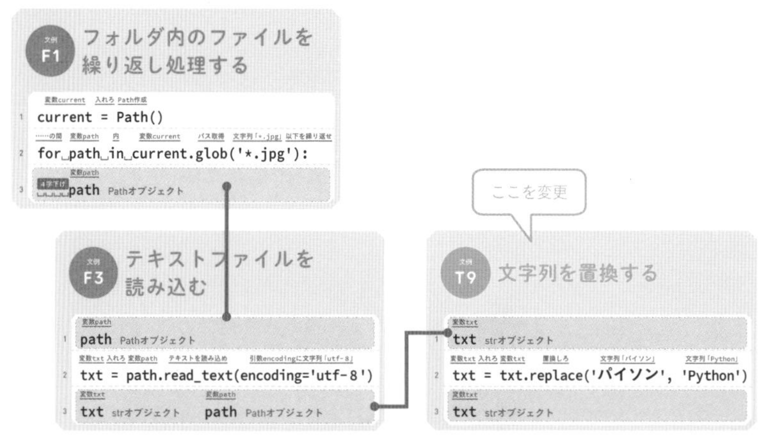

なるほど、c1_1_1.pyがわかればc1_1_2.pyが作れるって意味、何となくわかってきました

合体するときは字下げにも注意してください。「4字下げ」と書いてある部分に合体するときは、その分字下げする必要があります。正しく合体しないとIndentationErrorが発生します。

オブジェクトによっては使うためにインポートが必要になる。必要なインポート文は文例ごとに載せておくので、プログラムの先頭に書くようにしよう

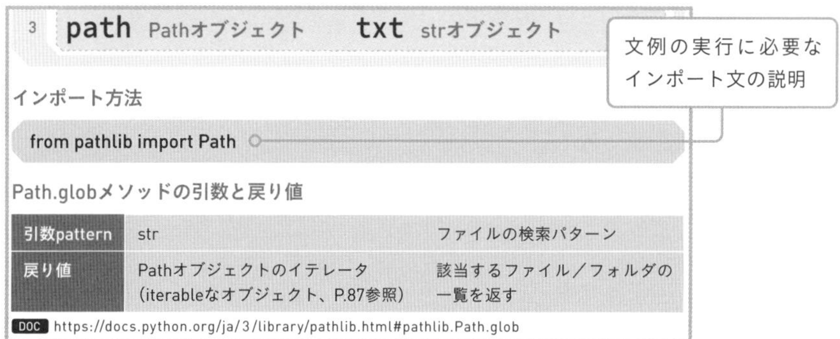

3 **path** Pathオブジェクト　**txt** strオブジェクト

インポート方法

```
from pathlib import Path
```



Path.globメソッドの引数と戻り値

| | | |
|---|---|---|
| 引数pattern | str | ファイルの検索パターン |
| 戻り値 | Pathオブジェクトのイテレータ（iterableなオブジェクト、P.87参照） | 該当するファイル／フォルダの一覧を返す |

DOC https://docs.python.org/ja/3/library/pathlib.html#pathlib.Path.glob

## 文例のその先に

この本の文例は、ちょっとした日常業務の自動化に役立ちそうなオブジェクト、メソッド、関数などを規格化してまとめたものです。組み合わせやすいよう変数名なども統一しました。文字列を入れる変数はtxt、リストを入れる変数はlstといった具合です。

しかし、目的によっては文字列を入れる変数が複数必要になってくるかもしれません。その場合はただ機械的に文例を組み合わせるのではなく、Pythonの文法を理解しながら変数名などを書き換える必要も出てきます。

また、Pythonには本書で取り上げていないさまざまな便利なライブラリがあります。本書の文例さえ覚えればいいと思わず、自力でドキュメントを読みながら使いこなすための補助輪と考えてください。

NO 03

# 文例を組み合わせて プログラムを作ってみよう

文例を見る前に、実際に文例を組み合わせる手順を説明しておこう。いくらか準備が必要だし

何か準備が必要なんですか？

うん、Pythonのインストールとか、プログラムの実行方法は覚えておいたほうがいいね

## Pythonのプログラムを組むための準備

何はなくともPythonインタプリタが必要です。Pythonの公式サイトからダウンロードしてインストールしましょう。本書はPython 3.8をベースに解説しますが、近いバージョンのものであれば問題なく動くはずです。

- **Pythonダウンロードサイト**
  https://www.python.org/downloads/

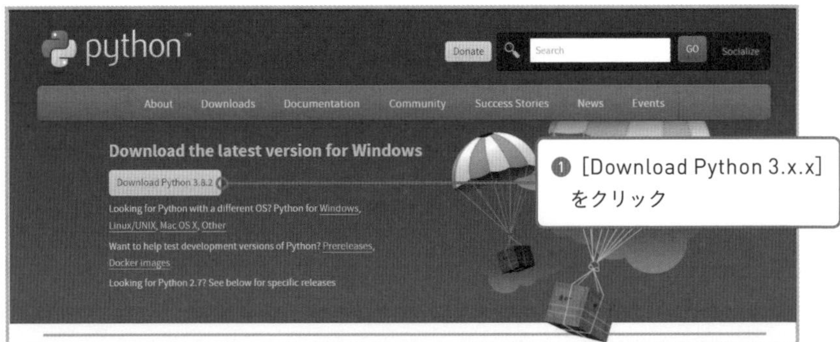


ダウンロードしたファイルをダブルクリックしてインストールを開始します。Windows版をインストールするときは、［Add Python 3.x to PATH］にチェック

マークを付けることを忘れないでください。これを忘れると、PowerShellなどのアプリからPythonを実行できません。それ以外は特に注意すべき点はないので、画面の指示どおりに進めてください。

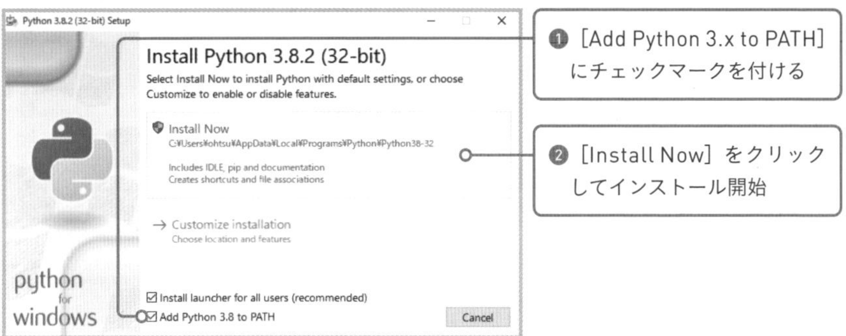


## テキストエディタの用意

Pythonのプログラムを書くためのテキストエディタを用意しましょう。一般的に使われるテキストエディタには、Visual Studio Code（VSCode）やAtom、Pythonに付属するIDLEなどがあります。本書の解説ではときどきVSCodeの画面が現れますが、標準の文字コードがUTF-8のテキストエディタなら何でもかまいません。

- **Visual Studio Code**
  https://code.visualstudio.com/
- **Atom**
  https://atom.io/

VSCodeを利用する場合は、次の手順で日本語化できます。

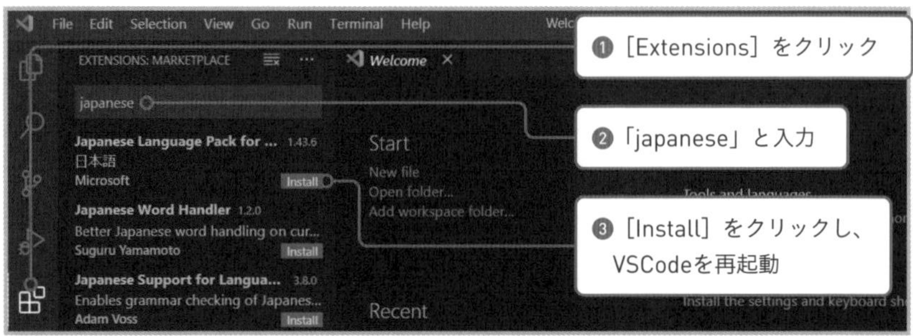


また、本書ではVSCodeの配色テーマをライトにしています。［ファイル］-［基本設定］-［配色テーマ］をクリックして変更できます。

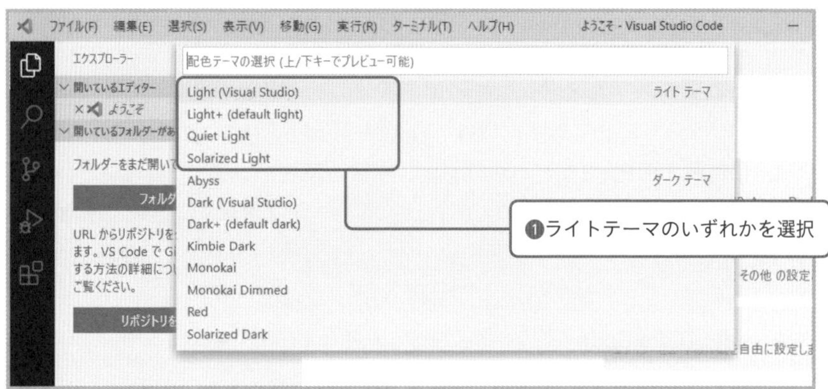


また、PythonのExtensionもあるので、必須ではありませんが入れておくと便利です。

Pythonのエラーチェックツールとしてflake8をインストールしてもよいでしょう。WindowsのPowerShellまたはmacOSのターミナルから以下のコマンドでインストールします。なお、macOSでpipコマンドを使うときは、「pip3」と入力してください。

```
pip install wheel
pip install flake8
```

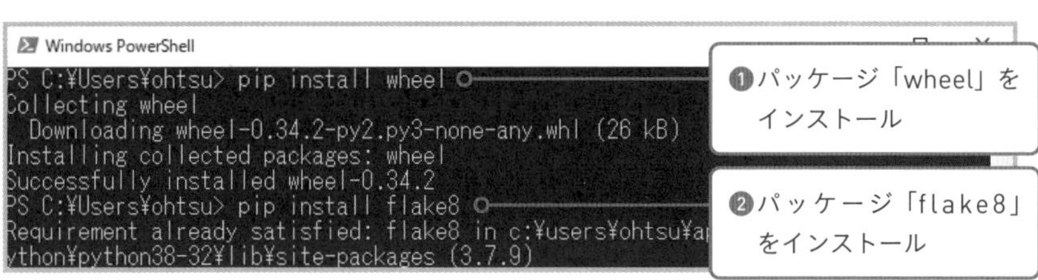


VSCode側でflake8を利用する設定を行います。[ファイル] - [基本設定] - [設定] をクリックし、標準のpylintを無効にしてflake8を有効にします。

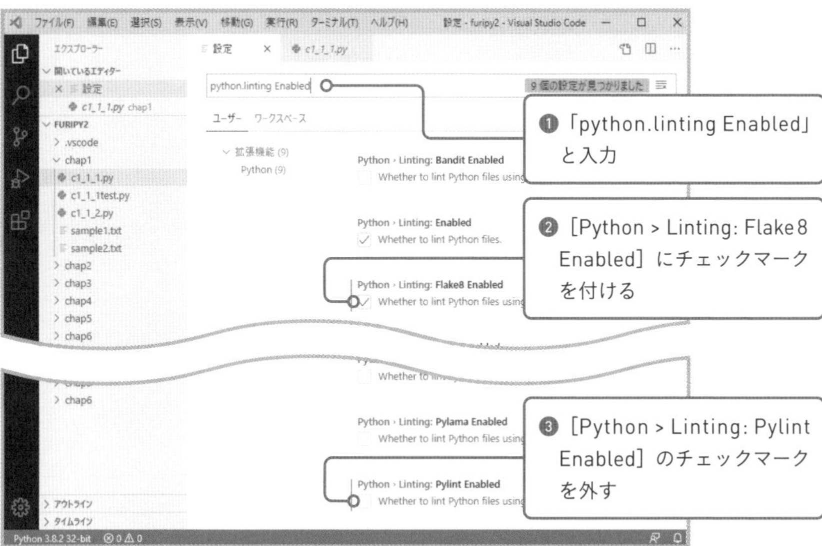

このあたりの設定は必須じゃないけど、やっておくと便利だよ

最後にVSCodeの最低限知っておきたい機能として、[フォルダーを開く] 機能を紹介します。[フォルダーを開く] 機能を使うと、そのフォルダ内のファイルが [エクスプローラー] に表示されます。フォルダ内のファイルをすばやく開きながら作業が行えます。

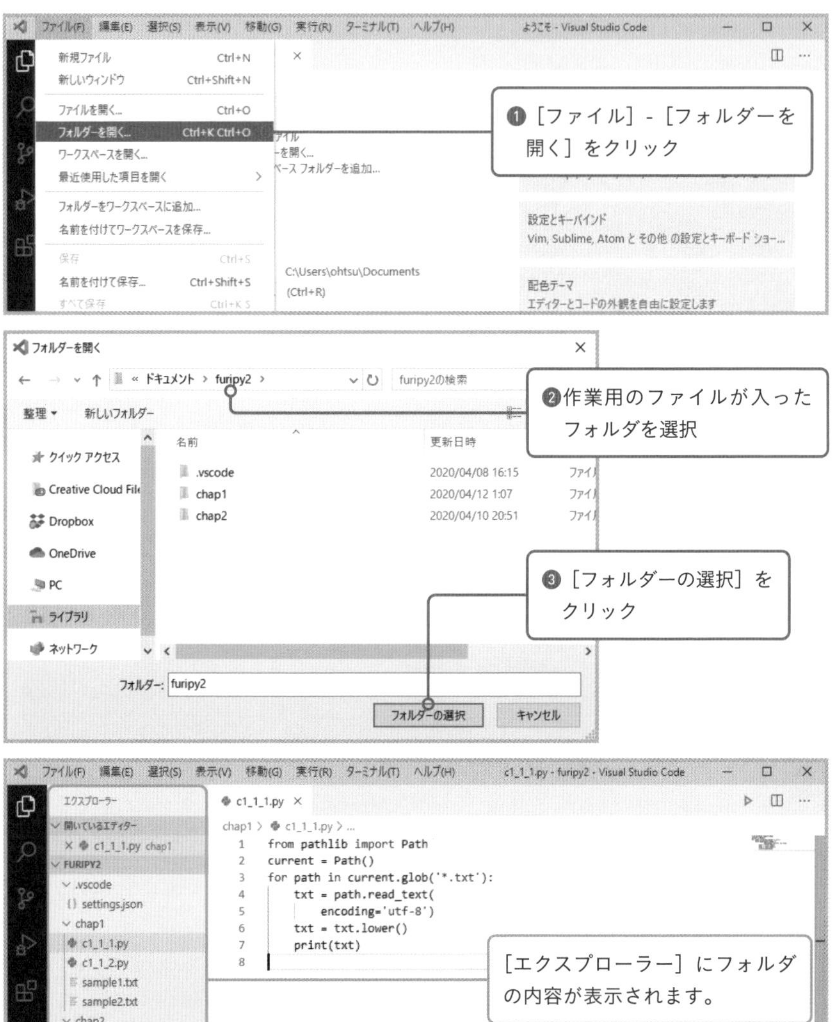


Atomにも同様の機能があるので、調べてみてください。

## プログラムを書く

プログラムを書くために、作業用のフォルダを作成しましょう。フォルダは何でもかまいませんが、本書では「furipy2」という名前のフォルダを作成し、その中にファイルを作成していきます。

また、文例のサンプルを実行するためには、対象となるテキストや画像のファイルが必要です。ダウンロードサンプル（P.247参照）内のテスト用のファイルが含まれているので、それを利用してください。

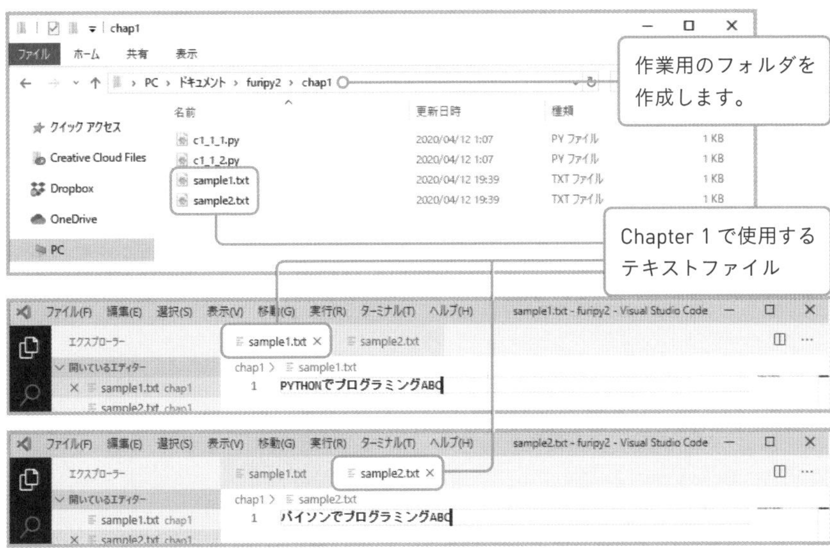


Pythonのプログラムはテスト用ファイルと同じフォルダ内に作成します。こうしておくと、プログラムでファイルを指定する処理が簡単になるためです。

VSCodeの［フォルダーを開く］機能で［furipy2］フォルダを開いていた場合は、［エクスプローラー］のファイル名の横に表示されている［新しいファイル］をクリックしてプログラムを作成します。

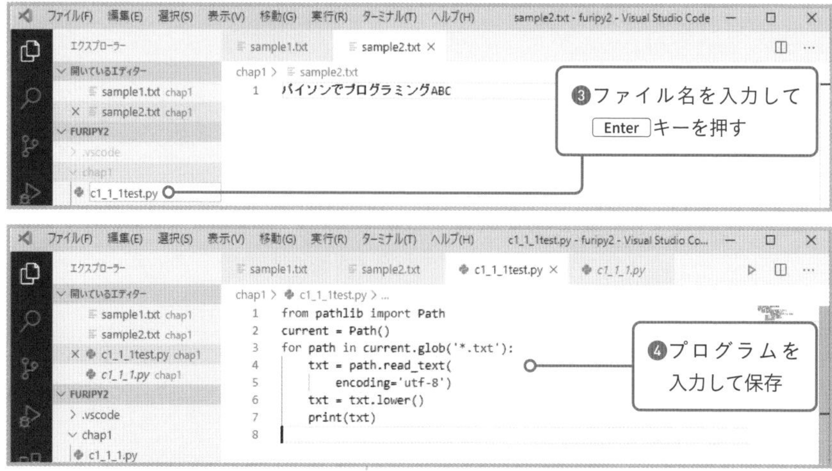


Chapter 2以降で紹介する各文例のサンプルは、実際に入力したり実行したりしなくてもかまいません。しかし、体験することで学べることもありますから、気になった文例は試してみることをおすすめします。

## プログラムを実行する

Pythonのプログラムを実行するには、WindowsならPowerShell、macOSならターミナルを使用します。プログラムが存在するフォルダを現在位置にする必要がありますが、PowerShellの場合は次の操作を行うと便利です。

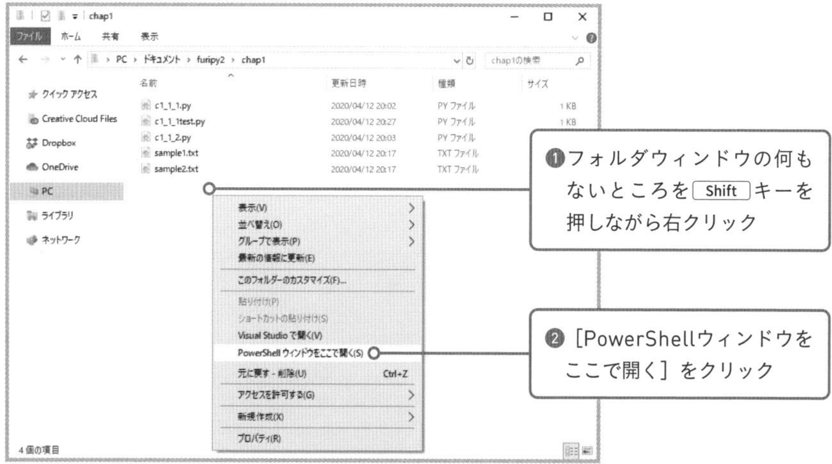

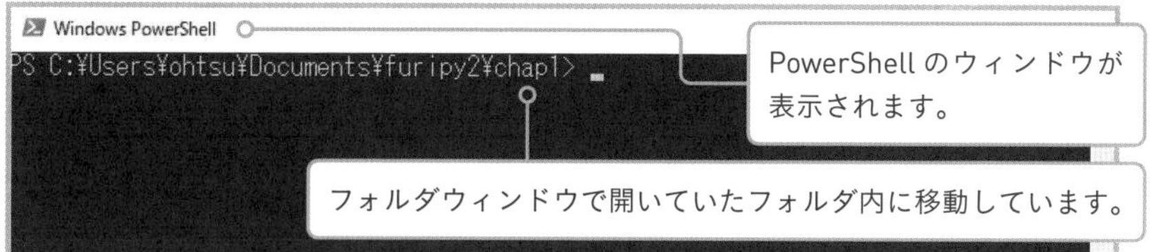


macOSで同様の操作が行えるようにするには、システム環境設定の［キーボード］で次の設定を行います。

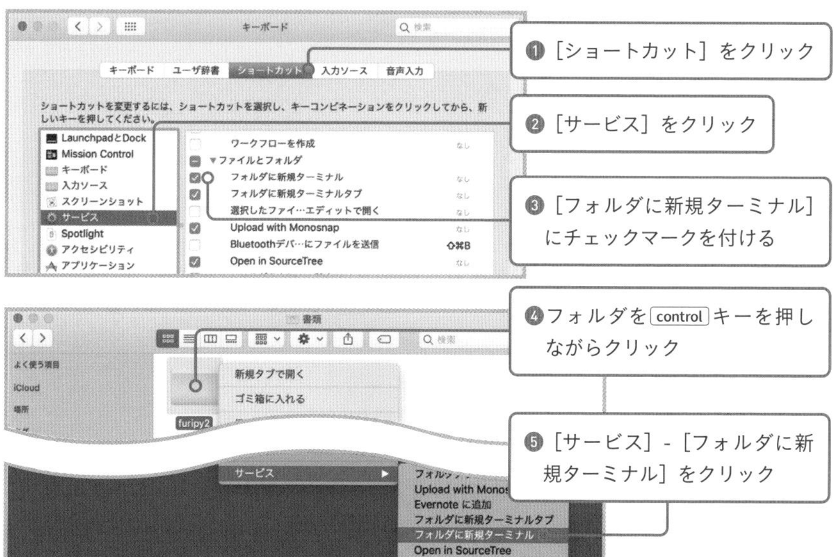


PowerShellが開いたら「python プログラムのファイル名」と入力してプログラムを実行します。macOSの場合はpythonコマンドだと標準インストールされている古いバージョンのPythonが実行されるため、「python3 プログラムのファイル名」と入力してください。

### オブジェクトとメソッドの復習

本書ではPythonの基本文法は学習済みの前提としていますが、用語定義も兼ねてオブジェクトとメソッドについて解説しておきます。
まず、オブジェクトとはデータと機能（メソッド）が一体になったものとされています。Chapter 2で活躍するPathオブジェクトの場合でいえば、Pathオブジェクトは「ファイルの位置」を表すもので、renameやmkdirなどのメソッドを持っています。

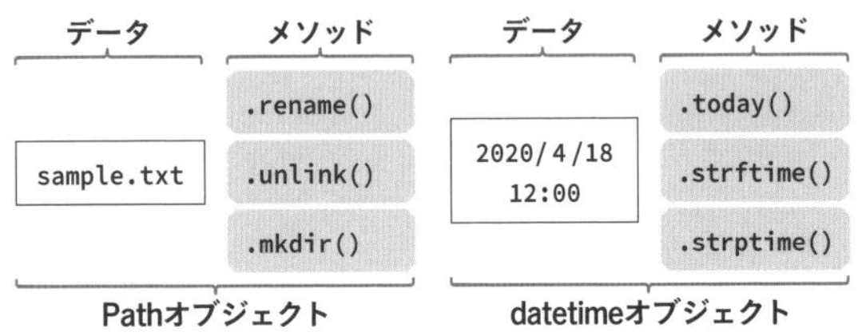


オブジェクトは、設計図にあたるクラスと、プログラム実行時に設計図に基づいて作られるインスタンスの2つをまとめた呼び名です。Pathオブジェクトであれば、pathlibモジュール内で定義されたPathクラスから、Pathインスタンスが作られます。少しややこしいので、本書ではクラスとインスタンスは区別せず、「Pathオブジェクト」のように表記します。
メソッドにも2種類あり、インスタンスを作らないと利用できないインスタンスメソッドと、インスタンスを作らずに利用するクラスメソッドがあります。例えばPath.renameやPath.mkdirはインスタンスメソッドなので、先にPathオブジェクトを作成し、「(オブジェクトを入れた) 変数名.メソッド名()」の形で呼び出します。

変数path 入れろ パス作成 文字列「a_dir」

```
path = Path('a_dir')
```

変数path フォルダを作成しろ

```
path.mkdir()
```

一方、datetimeオブジェクトのtodayメソッドはクラスメソッドなので、「オブジェクト名.メソッド名」の形で呼び出します。

変数today 入れろ datetimeオブジェクト 今の日時を取得

```
today = datetime.today()
```

# Chapter 2

# ファイル操作のための文例

F D

NO 01

# ファイルを扱う pathlib

最初に紹介するのは、主にpathlib（パスリブ）というライブラリを使ったファイル操作の文例だよ

ファイル操作？　ファイルのコピーとかですか？　あんまり覚えたい気持ちにならないんですけど……

いやいや、ファイル操作はすべての自動処理の基本だよ？

## ファイル操作は自動処理の基本

皆さんがプログラムでやりたいことは何でしょうか？　画像の加工？　テキスト整理？　売上データの集計？　人によってさまざまだと思いますが、すべてに共通して必要なことがあります。それは**ファイル操作**です。画像の加工なら「画像ファイルを処理する」、テキスト整理なら「テキストファイルを処理する」といったプログラムとなるわけで、いいかえればすべてはファイルに対する操作なのです。

また、複数のファイルを処理するときに、ファイルの数だけプログラムを実行していたらあまり便利ではありませんが、**フォルダ内の複数ファイルをまとめて処理するプログラム**にすれば、プログラムの実行は1回で済みます。このように、ファイル操作を身に付けることは、すべての自動処理を便利にすることにつながります。

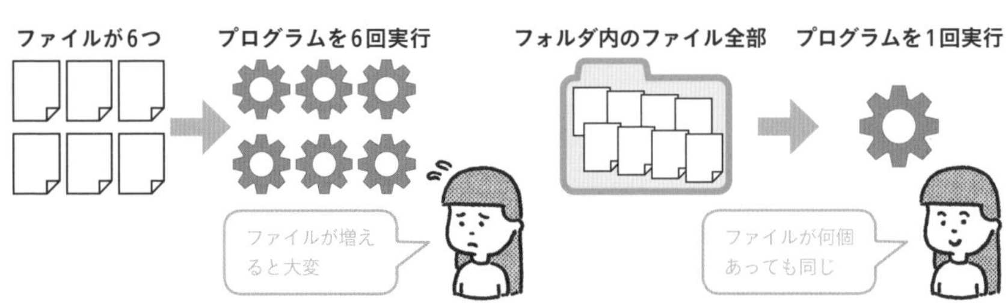

## pathlibとは？

pathlibは、Python 3.4で追加されたファイル操作のためのライブラリです。標準ライブラリなので、pipコマンドなどでインストールしなくても使えます。

- **pathlib --- オブジェクト指向のファイルシステムパス**
  https://docs.python.org/ja/3/library/pathlib.html

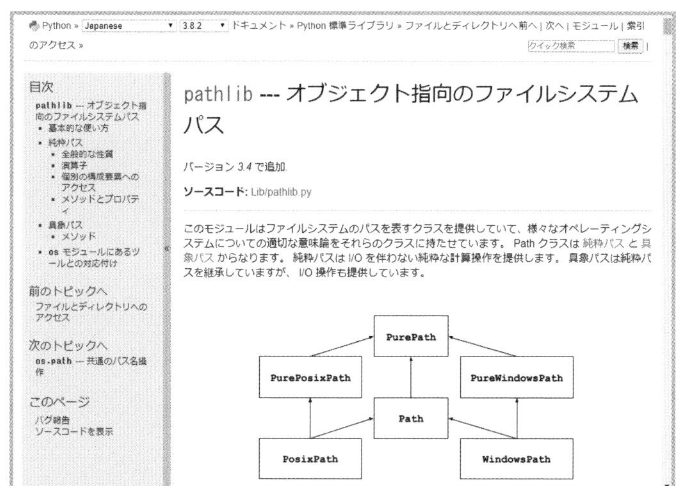


ライブラリにはいくつかのオブジェクトが含まれていますが、一番よく使うのはファイルのパスを表す**Pathオブジェクト**です。ファイルのパスとは、「C:¥Users¥lw¥Documents」のようにファイルやフォルダの場所を文字列で表したものです。操作したいファイルやフォルダを表すPathオブジェクトを作成し、renameなどのメソッドで操作します。

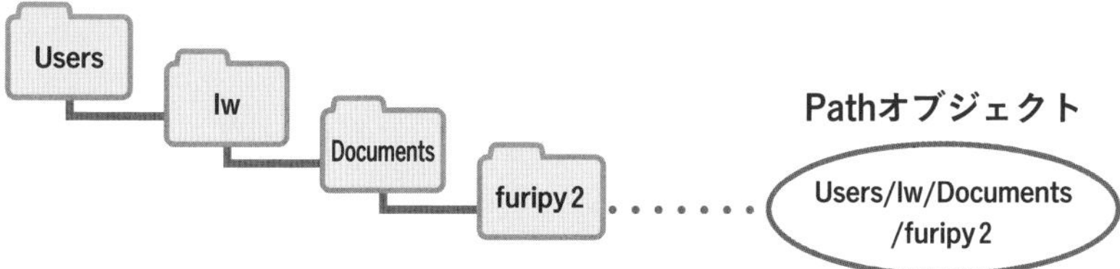


ちなみにWindowsではパスの区切りに「¥（円マーク）」を使いますが、pathlibでは主に「/（スラッシュ）」を使います。これはmacOSやLinuxでも動くプログラムにするためです。

# フォルダ内のファイルを繰り返し処理する

```
変数current 入れろ Path作成
current = Path()
……の間 変数path 内 変数current パス取得 文字列「*.jpg」 以下を繰り返せ
for path in current.glob('*.jpg'):
    変数path
    path  Pathオブジェクト
```

（4字下げ）

### インポート方法

```
from pathlib import Path
```

### Path.globメソッドの引数と戻り値

| | | |
|---|---|---|
| 引数pattern | str | ファイルの検索パターン |
| 戻り値 | Pathオブジェクトのイテレータ<br>(iterableなオブジェクト、P.87参照) | 該当するファイル／フォルダの一覧を返す |

DOC https://docs.python.org/ja/3/library/pathlib.html#pathlib.Path.glob

## パターンに合うものを取得するPath.globメソッド

引数を渡さずにPath()を実行すると、現在プログラムファイルがあるフォルダを表すPathオブジェクトが作成されます。次にPath.glob（グロブ）メソッドを使って、パターンに合うファイルを取得し、for文で繰り返し処理していきます。パターンの「*（アスタリスク）」をワイルドカードと呼び、すべての文字にマッチするという意味があります。文例では「*.jpg」と指定しているので、ファイルの拡張子がjpgのファイルが返されます。

JPEGファイルにしたのはただの例だよ。globメソッドの引数を変えれば、他の種類のファイルも取得できるんだ

■chap 2/sample 1/f1.py

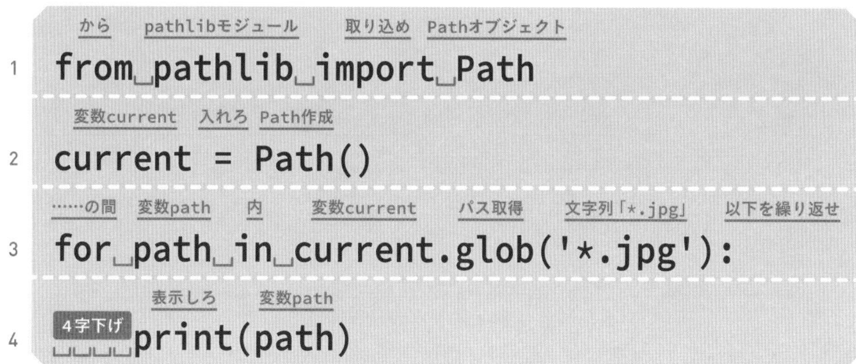


読み下し文

1 pathlibモジュールからPathオブジェクトを取り込め

2 Pathオブジェクトを作成し、変数currentに入れろ

3 文字列「*.jpg」を指定して変数current内のパスを取得し、変数pathに順次入れる間、以下を繰り返せ

4 　変数pathを表示しろ

f1.pyでは文例F1のブロック内にprint関数を書き、変数pathを表示しています。実行すると、同じフォルダ内にあるJPEGファイル（拡張子がjpg）の名前が表示されます。

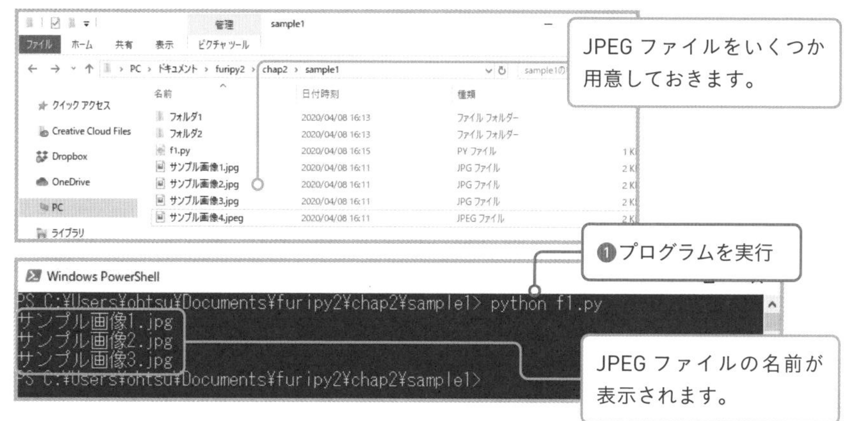


拡張子「.jpeg」も含めたい場合はP.67を参考にしてください。

# サブフォルダ内のファイルも対象にする

変数current 入れろ Path作成

```
current = Path()
```

……の間 変数path 内 変数current パス取得 文字列「**/*.jpg」 以下を繰り返せ

```
for path in current.glob('**/*.jpg'):
```

変数path

4字下げ

```
    path
```

Pathオブジェクト

あれ？　これ文例F1とまったく同じじゃないですか？

globメソッドの引数が「**/*.jpg」になってるでしょ。それがサブフォルダの中も探せって意味なんだ

## 「**/」を付けるとサブフォルダも検索される

文例F1では、プログラムファイルと同じフォルダ内のJPEGファイルだけが検索され、サブフォルダ内は無視されていました。globメソッドでは、「**/」がサブフォルダも含めて探すという意味になります。そのため「**/*.jpg」と書くと、サブフォルダにあるJPEGファイルも検索されるようになります。

■chap2/sample1/f2.py

から pathlibモジュール 取り込め Pathオブジェクト

```
from pathlib import Path
```

変数current 入れろ Path作成

```
current = Path()
```

……の間 変数path 内 変数current パス取得 文字列「**/*.jpg」 以下を繰り返せ

```
for path in current.glob('**/*.jpg'):
```

表示しろ　変数path

4字下げ
```
    print(path)
```

読み下し文

1 pathlibモジュールからPathオブジェクトを取り込め

2 Pathオブジェクトを作成し、変数currentに入れろ

3 文字列「**/*.jpg」を指定して変数current内のパスを取得し、変数pathに順次入れる間、以下を繰り返せ

4 　変数pathを表示しろ

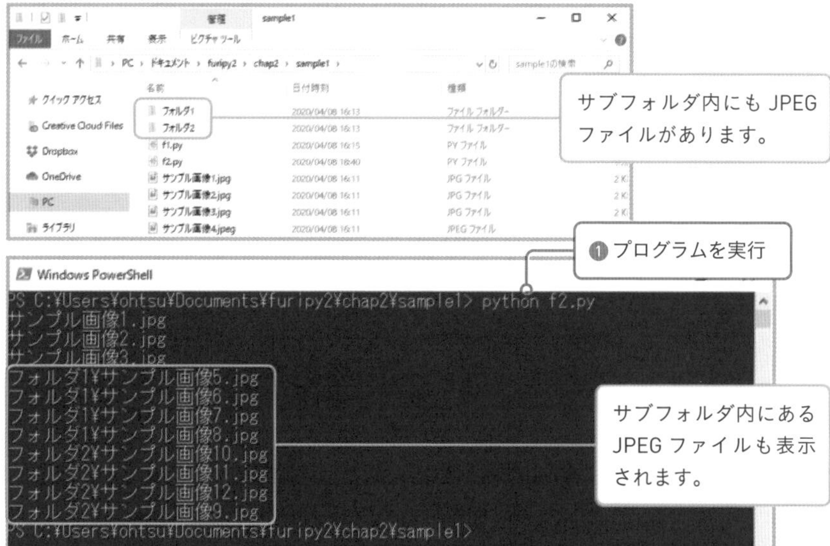

これ便利ですね！　ワイルドカードのダブル！

ちなみにパターンを「**/*」にすると、サブフォルダも含めたあらゆる種類のファイルとフォルダを探せるよ

あらゆる種類！　ワイルドすぎる！

文例 F3

# テキストファイルを読み込む

変数path

```
path
```
Pathオブジェクト

変数txt 入れろ 変数path テキストを読み込め 引数encodingに文字列「utf-8」

```
txt = path.read_text(encoding='utf-8')
```

変数txt 変数path

```
txt
```
strオブジェクト

```
path
```
Pathオブジェクト

### インポート方法

```
from pathlib import Path
```

### Path.read_textメソッドの引数と戻り値

| | | |
|---|---|---|
| 引数encoding | str | ファイルの文字コードを指定。utf-8、shift-jis、euc_jpなど |
| 戻り値 | str | ファイルから読み込んだ文字列を返す |

DOC https://docs.python.org/ja/3/library/pathlib.html#pathlib.Path.read_text

## テキストファイルを読み込むPath.read_textメソッド

テキストファイルの内容を読み込みたい場合は、Pathオブジェクトのread_textメソッドを使います。ファイルの文字コードを指定する引数encodingは省略可能ですが、文字化けすることがあるので基本的に指定します。

■chap2/sample2/f3.py

から pathlibモジュール 取り込め Pathオブジェクト

```
from pathlib import Path
```

変数path 入れろ Path作成 文字列「テキスト1.txt」

```
path = Path('テキスト1.txt')
```

変数txt 入れろ 変数path テキストを読み込め 引数encodingに文字列「utf-8」

```
txt = path.read_text(encoding='utf-8')
```

表示しろ　変数txt

```
4 print(txt)
```

読み下し文

1 pathlibモジュールからPathオブジェクトを取り込め

2 文字列「テキスト1.txt」を指定してPathオブジェクトを作成し、変数pathに入れろ

3 引数encodingに文字列「utf-8」を指定して変数pathからテキストを読み込み、結果を変数txtに入れろ

4 変数txtを表示しろ



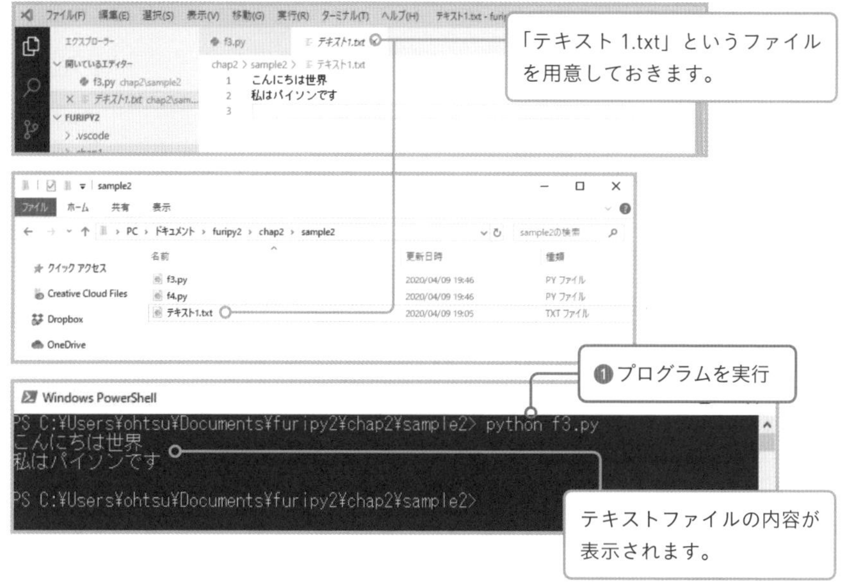


テキストファイルは標準ライブラリのopen関数などでも読み込めますが、Path.read_textメソッドならファイルを開く処理を書かずに、1つの文で読み込めます。また、読み込んだあとは自動的にファイルを閉じてくれます。

今回は表示しただけですけど、読み込んだあとは文字列のメソッドで加工できるんですよね

# テキストファイルに書き込む

変数path　変数txt

```
path Pathオブジェクト    txt strオブジェクト
```

変数path　テキストを書き込め　変数txt　引数encodingに文字列「utf-8」

```
path.write_text(txt, encoding='utf-8')
```

変数path　変数txt

```
path Pathオブジェクト    txt strオブジェクト
```

### インポート方法

```
from pathlib import Path
```

### Path.write_textメソッドの引数と戻り値

| | | |
|---|---|---|
| 引数data | str | 書き込む文字列を指定する |
| 引数encoding | str | ファイルの文字コードを指定。utf-8、shift-jis、euc_jpなど |
| 戻り値 | int | 書き込まれた文字数を返す |

DOC https://docs.python.org/ja/3/library/pathlib.html#pathlib.Path.write_text

## Path.write_textメソッドでファイルに文字列を書き込む

ファイルの読み込みの次は書き込みです。同じようにPathオブジェクトのwrite_textメソッドで文字列を書き込むことができます。

■chap2/sample2/f4.py

から　pathlibモジュール　取り込め　Pathオブジェクト

```
from pathlib import Path
```

変数path　入れろ　Path作成　文字列「テキスト2.txt」

```
path = Path('テキスト2.txt')
```

変数txt　入れろ　文字列「ファイルに書き込むぞ」

```
txt = 'ファイルに書き込むぞ'
```

変数path　テキストを書き込め　変数txt　引数encodingに文字列「utf-8」

```
path.write_text(txt, encoding='utf-8')
```

読み下し文

1 pathlibモジュールからPathオブジェクトを取り込め

2 文字列「テキスト2.txt」を指定してPathオブジェクトを作成し、変数pathに入れろ

3 文字列「ファイルに書き込むぞ」を変数txtに入れろ

4 変数txtと引数encodingに文字列「utf-8」を指定して、変数pathにテキストを書き込め



f4.pyを実行すると、「テキスト2.txt」というファイルが作成されます。テキストエディタでファイルを開いて確認しましょう。

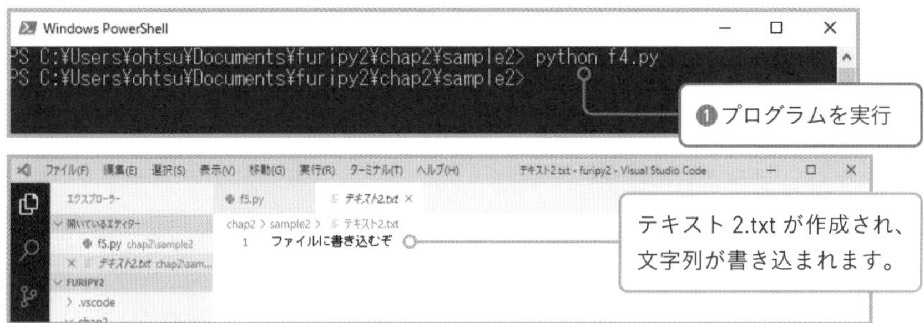

すでに同じ名前のファイルがある場合、そのまま上書き保存されるから注意したほうがいいよ

すでにあるファイルに、追記したいときはどうしたらいいんですか？

その場合はread_textメソッドで読み込んで、それに追加してからwrite_textメソッドで書き込めばいい。もしくは標準ライブラリのopen関数の追記モードを使うという手もあるね

# ファイルが存在するかチェックする

変数path

```
path
```

Pathオブジェクト

もしも　変数path　存在する　真なら以下を実行せよ

```
if path.exists():
```

変数path

4字下げ

```
    path
```

Pathオブジェクト

**インポート方法**

```
from pathlib import Path
```

**Path.existsメソッドの戻り値**

| 戻り値 | ブール値 | Pathオブジェクトのファイルが存在するならTrueを返す |
|---|---|---|

DOC https://docs.python.org/ja/3/library/pathlib.html#pathlib.Path.exists

## ファイルの存在を確認しないといけない状況とは？

Path.existsメソッドは、Pathオブジェクトが示すファイルが存在するときにTrueを返すメソッドです。存在しないファイルを操作しようとすると、当然ながらエラーが発生します。それを避けるために事前にexistsメソッドで存在するか調べれば、存在したときだけ処理を実行することができます。

■chap2/sample2/f5.py

から　pathlibモジュール　取り込め　Pathオブジェクト

```
from pathlib import Path
```

変数path　入れろ　Path作成　文字列「テキスト3.txt」

```
path = Path('テキスト3.txt')
```

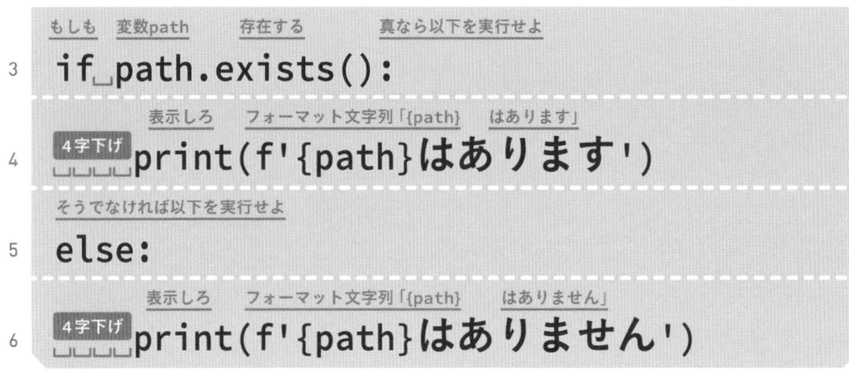


読み下し文

1 pathlibモジュールからPathオブジェクトを取り込め
2 文字列「テキスト3.txt」を指定してPathオブジェクトを作成し、変数pathに入れろ
3 もしも「変数pathが存在する」が真なら以下を実行せよ
4 　フォーマット文字列「{path} はあります」を表示しろ
5 そうでなければ以下を実行せよ
6 　フォーマット文字列「{path} はありません」を表示しろ

f5.pyでは、「(ファイル名) はあります／ありません」と表示するために、print関数の中でフォーマット文字列というものを使っています。フォーマット文字列は「' (シングルまたはダブルクォート)」の前にfを付けて書き、「{変数名}」の部分に変数の内容が差し込まれます。

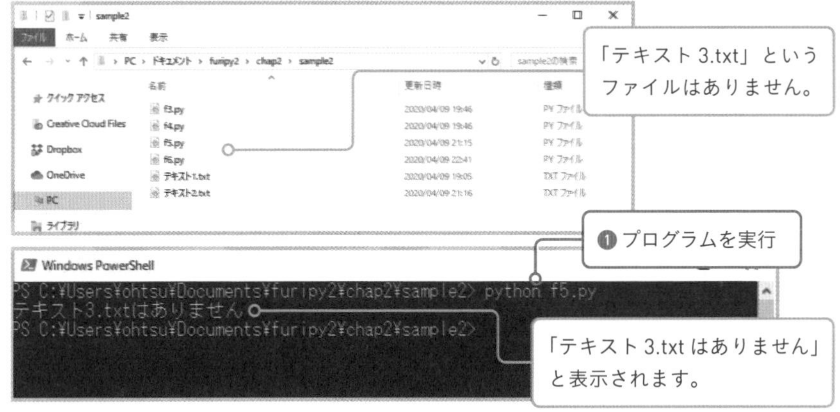

# ファイルかフォルダかを見分ける

```
変数path
path  Pathオブジェクト

もしも  変数path  フォルダだ  真なら以下を実行せよ
if␣path.is_dir():

    変数path
4字下げ
␣␣␣␣path  Pathオブジェクト
```

### インポート方法

```
from pathlib import Path
```

### Path.is_dirメソッドの戻り値

| 戻り値 | ブール値 | PathオブジェクトがフォルダならTrue、ファイルならFalseを返す |
|---|---|---|

DOC https://docs.python.org/ja/3/library/pathlib.html#pathlib.Path.is_dir

## Path.is_dirメソッドでフォルダを見分ける

Path.globメソッドのパターンを「*」にした場合、ファイルだけでなくフォルダ（ディレクトリ）も一覧に含まれます。その場合、対象がファイルかフォルダかを区別して処理しなければいけない状況も出てきます。そういうときに使うのが、フォルダだったらTrueを返すis_dirメソッドです。ファイルだったらTrueを返すis_fileメソッドもあり、どちらを使ってもかまいません。

■chap2/sample3/f6.py

```
から  pathlibモジュール  取り込め  Pathオブジェクト
from␣pathlib␣import␣Path

変数current  入れろ  Path作成
current = Path()
```

……の間　変数path　内　変数current　パス取得　文字列「*」　以下を繰り返せ

```
for path in current.glob('*'):
```

もしも　変数path　フォルダだ　真なら以下を実行せよ

```
    if path.is_dir():
```

表示しろ　フォーマット文字列「{path}　フォルダ」

```
        print(f'{path} フォルダ')
```

読み下し文

1 pathlibモジュールからPathオブジェクトを取り込め

2 Pathオブジェクトを作成し、変数currentに入れろ

3 文字列「*」を指定して変数current内のパスを取得し、変数pathに順次入れる間、以下を繰り返せ

4 　もしも「変数pathはフォルダだ」が真なら以下を実行せよ

5 　　フォーマット文字列「{path} フォルダ」を表示しろ

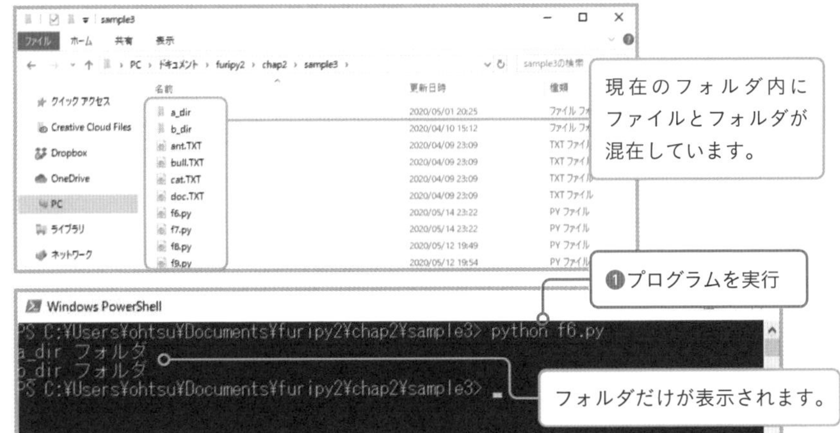

「*」というパターンはすべてのファイルとフォルダを返してくれて便利だけど、is_dirメソッドなどで種類を調べないといけなくなるんだ

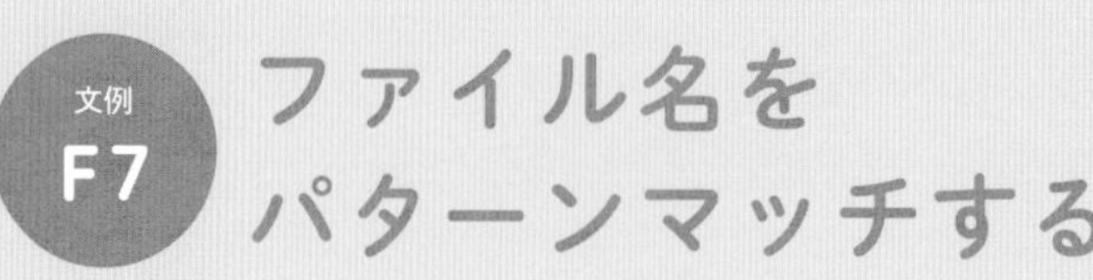

# 文例 F7 ファイル名をパターンマッチする

```
# 変数path
path  Pathオブジェクト
# もしも / 変数path / マッチする / 文字列「a*」 / 真なら以下を実行せよ
if path.match('a*'):
# 4字下げ / 変数path
    path  Pathオブジェクト
```

### インポート方法

```
from pathlib import Path
```

### Path.matchメソッドの引数と戻り値

| | | |
|---|---|---|
| 引数pattern | str | Pathオブジェクトをチェックするためのパターン |
| 戻り値 | ブール値 | パターンにマッチしたらTrueを返す |

DOC https://docs.python.org/ja/3/library/pathlib.html#pathlib.PurePath.match

## glob形式でファイルやフォルダの名前をチェックする

Path.matchメソッドは、Pathオブジェクトがパターンに一致するかチェックするメソッドです。指定するパターンはPath.globメソッドと同じ形式です。globメソッドでは大まかなパターンでファイル／フォルダの一覧を取得しておき、ブロック内のmatchメソッドで絞り込むといった使い方ができます。

次のf7.pyでは、globメソッドの「*」ですべてのファイル／フォルダを取得し、matchメソッドの「a*」で先頭が「a」で始まるファイルとフォルダだけprint関数で表示しています。

Windowsは大文字／小文字を区別しないけど、macOSやLinuxは区別するから「A」で始まる名前はヒットしないぞ

■chap 2/sample 3/f7.py

```
から　pathlibモジュール　取り込め　Pathオブジェクト
from␣pathlib␣import␣Path

変数current　入れろ　Path作成
current = Path()

……の間　変数path　内　変数current　パス取得　文字列「*」　以下を繰り返せ
for␣path␣in␣current.glob('*'):

もしも　変数path　マッチする　文字列「a*」　真なら以下を実行せよ
[4字下げ]␣␣␣␣if␣path.match('a*'):

表示しろ　変数path
[4字下げ][4字下げ]␣␣␣␣␣␣␣␣print(path)
```

読み下し文

1 pathlibモジュールからPathオブジェクトを取り込め

2 Pathオブジェクトを作成し、変数currentに入れろ

3 文字列「*」を指定して変数current内のパスを取得し、変数pathに順次入れる間、以下を繰り返せ

4 　もしも「変数pathが文字列「a*」にマッチする」が真なら以下を実行せよ

5 　　変数pathを表示しろ

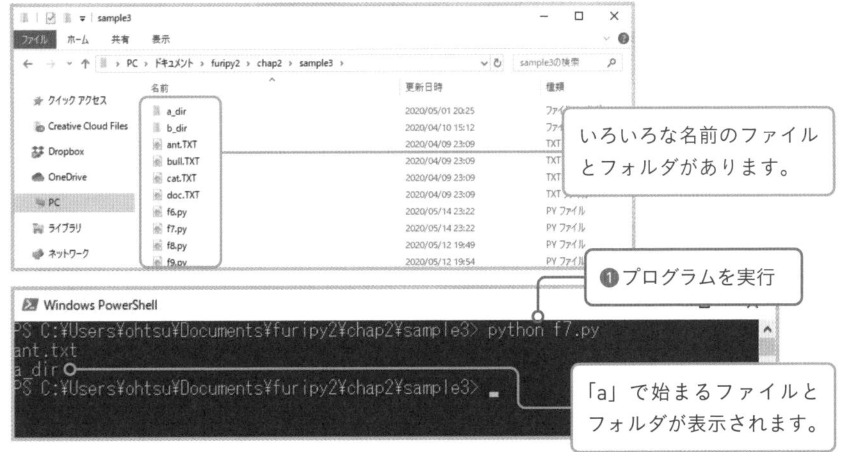

文例 F8

# ファイル名や拡張子を取り出す

変数path
```
path Pathオブジェクト
```
変数path　語幹
```
path.stem
```
変数path　接尾辞
```
path.suffix
```
変数path
```
path Pathオブジェクト
```

**インポート方法**

```
from pathlib import Path
```

**Path.stemプロパティ、Path.suffixプロパティの戻り値**

| 戻り値 | str | 拡張子を除いた名前または拡張子の文字列 |
|---|---|---|

DOC https://docs.python.org/ja/3/library/pathlib.html#pathlib.PurePath.suffix

## stemプロパティとsuffixプロパティ

Pathオブジェクトからファイル名、もしくは拡張子を取り出したい場合は、stemプロパティやsuffixプロパティを利用します。suffixプロパティの戻り値には「.（ドット）」が付くことに注意してください。

■chap2/sample3/f8.py

から　pathlibモジュール　取り込め　Pathオブジェクト
```
from pathlib import Path
```
変数current　入れろ　Path作成
```
current = Path()
```

……の間　変数path　内　変数current　パス取得　文字列「*.*」　以下を繰り返せ

```
for path in current.glob('*.*'):
```

表示しろ　変数path　接尾辞

4字下げ

```
    print(path.suffix)
```

読み下し文

1 pathlibモジュールからPathオブジェクトを取り込め

2 Pathオブジェクトを作成し、変数currentに入れろ

3 文字列「*.*」を指定して変数current内のパスを取得し、変数pathに順次入れる間、以下を繰り返せ

4 　変数pathの接尾辞を表示しろ

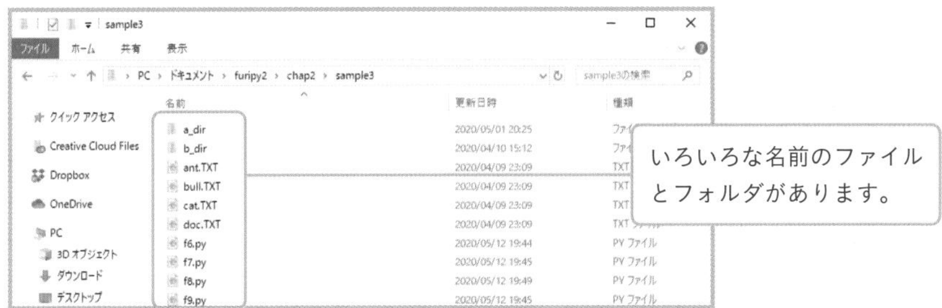


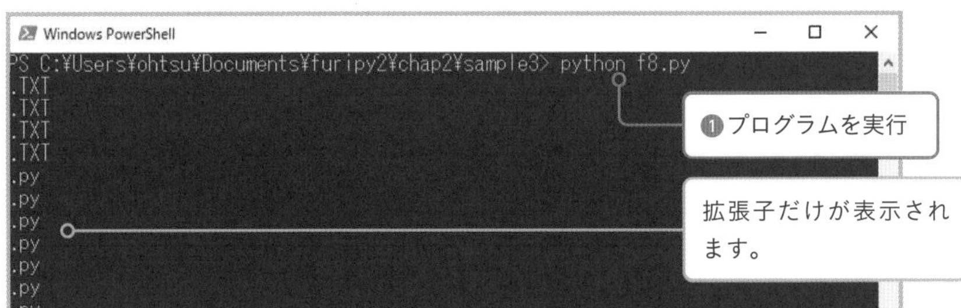

拡張子だけ必要なことってあるんですか？

そう多くはないかもしれないけど、必要なことはあるよ。あとで拡張子別にファイルを分類する例を見せよう

# ファイルやフォルダの名前を変更する

```
変数path                          変数target
path  Pathオブジェクト            target  Pathオブジェクト
変数path    リネームしろ    変数target
path.rename(target)
変数path                          変数target
path  Pathオブジェクト            target  Pathオブジェクト
```

### インポート方法

```
from pathlib import Path
```

### Path.renameメソッドの引数と戻り値

| | | |
|---|---|---|
| 引数target | Path／str | 変更後の名前を表すPathオブジェクトまたは文字列 |
| 戻り値 | Path | 変更後のPathオブジェクト |

DOC https://docs.python.org/ja/3/library/pathlib.html#pathlib.Path.rename

## Path.renameメソッドで名前を変更する

Path.renameメソッドは名前のとおり、ファイルやフォルダの名前を変更します。ちなみに引数を「フォルダ名/ファイル名」のように指定すると、ファイルの移動もできます。

次のf9.pyでは、テキストファイルの拡張子を「txt」から「TXT」に変更しています。Windowsではファイル名の大文字／小文字を区別しませんが他のOSでは区別するため、拡張子の統一が必要になることがあります。ここでは文例F8のPath.stemプロパティを使って語幹（拡張子を除いたファイル名）を取り出し、フォーマット文字列を使って「.TXT」を連結しています。

■chap2/sample3/f9.py

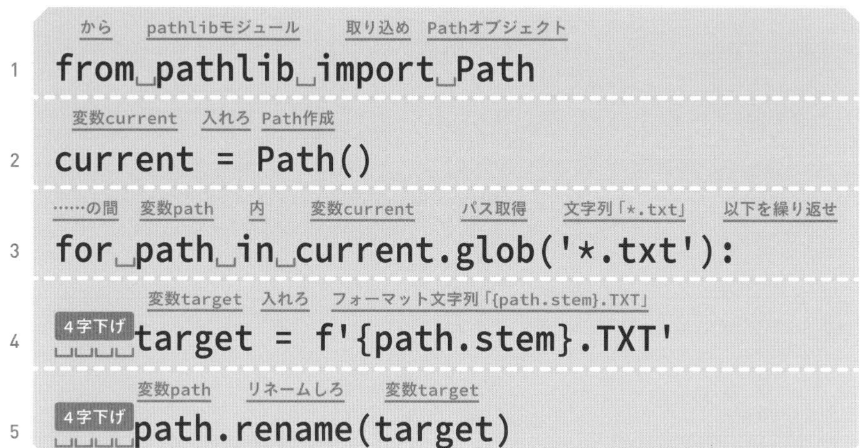


```python
from pathlib import Path
current = Path()
for path in current.glob('*.txt'):
    target = f'{path.stem}.TXT'
    path.rename(target)
```

読み下し文

1 pathlibモジュールからPathオブジェクトを取り込め

2 Pathオブジェクトを作成し、変数currentに入れろ

3 文字列「*.txt」を指定して変数current内のパスを取得し、変数pathに順次入れる間、以下を繰り返せ

4 フォーマット文字列「{path.stem}.TXT」を変数targetに入れろ

5 変数pathを変数targetにリネームしろ

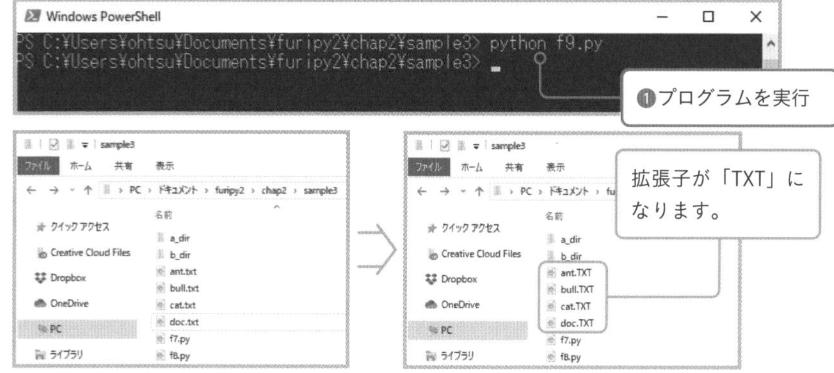


文例T2のupper、lowerメソッドを組み合わせれば、あらゆる拡張子をまとめて統一することもできます。

# ファイルやフォルダを移動する

```
1  path Pathオブジェクト    target Pathオブジェクト
2  move(str(path), str(target))
3  path Pathオブジェクト    target Pathオブジェクト
```

（注記：変数path／変数target／移動しろ／文字列化／変数path／文字列化／変数target）

### インポート方法

```
from shutil import move
```

### shutil.move関数の引数と戻り値

| | | |
|---|---|---|
| 引数src | str | 移動したいファイルやフォルダを表す文字列 |
| 引数dst | str | 移動先を表す文字列 |
| 戻り値 | str | 移動後のパス文字列 |

DOC https://docs.python.org/ja/3/library/shutil.html#shutil.move

## shutilモジュールを使ってファイルを移動する

shutilは標準ライブラリに含まれるモジュールの1つで、高水準のファイル操作を行う関数がまとめられています。高水準といっても「フォルダを中のファイルごと移動／コピーする」といった機能なので、エクスプローラーやFinderと同じことができると思ってかまいません。

ここで紹介するmove関数は、第1引数に指定したファイルやフォルダを、第2引数に指定した場所に移動します。引数はPathオブジェクトではなく文字列なので、str関数で変換して使用してください。

次のf10.pyでは、[b_dir] フォルダを [a_dir] フォルダの中に移動します。

■chap 2/sample 3/f10.py

```
from pathlib import Path
from shutil import move
path = Path('b_dir')
target = Path('a_dir')
move(str(path), str(target))
```

（注釈）
1. から / pathlibモジュール / 取り込め / Pathオブジェクト
2. から / shutilモジュール / 取り込め / move関数
3. 変数path / 入れろ / Path作成 / 文字列「b_dir」
4. 変数target / 入れろ / Path作成 / 文字列「a_dir」
5. 移動しろ / 文字列化 / 変数path / 文字列化 / 変数target

読み下し文

1. pathlibモジュールからPathオブジェクトを取り込め
2. shutilモジュールからmove関数を取り込め
3. 文字列「b_dir」を指定してPathオブジェクトを作成し、変数pathに入れろ
4. 文字列「a_dir」を指定してPathオブジェクトを作成し、変数targetに入れろ
5. 文字列化した変数pathと文字列化した変数targetを指定して移動しろ

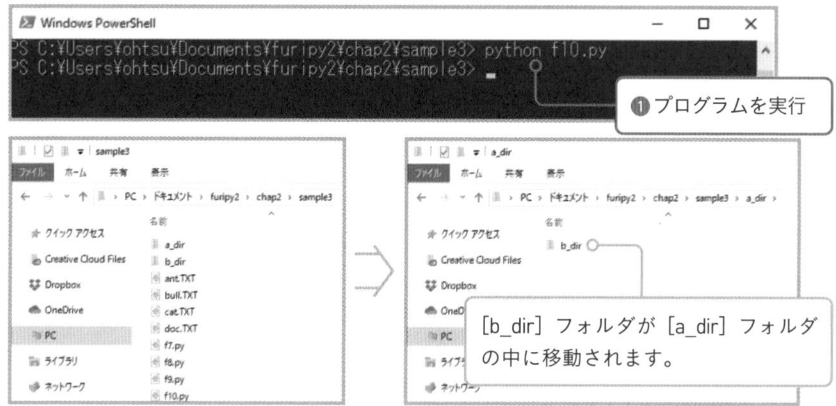


[b_dir] フォルダの中にファイルやフォルダが入っていれば、それらも一緒に移動します。

文例 F11

# ファイルやフォルダをコピーする

変数path　変数target
```
path Pathオブジェクト    target Pathオブジェクト
```
コピーしろ　文字列化　変数path　文字列化　変数target
```
copy(str(path), str(target))
```
変数path　変数target
```
path Pathオブジェクト    target Pathオブジェクト
```

### インポート方法

```
from shutil import copy
```

### shutil.copy関数の引数と戻り値

| | | |
|---|---|---|
| 引数src | str | コピーしたいファイルやフォルダを表す文字列 |
| 引数dst | str | コピー先を表す文字列 |
| 戻り値 | str | コピー後のパス文字列 |

DOC https://docs.python.org/ja/3/library/shutil.html#shutil.copy

## shutilモジュールを使ってファイルをコピーする

shutilモジュールのcopy関数を使うと、ファイルやフォルダをコピーできます。使い方はmove関数と同じです。

ところで、文字列からPathオブジェクトにしてまた文字列にするのはなぜですか？

「パスはPathオブジェクトで扱う」って方針を決めたからだよ。方針はコロコロ変えてはいけない

■chap2/sample3/f11.py

```
から pathlibモジュール 取り込め Pathオブジェクト
from pathlib import Path
から shutilモジュール 取り込め copy関数
from shutil import copy
変数path 入れろ Path作成 文字列「ant.TXT」
path = Path('ant.TXT')
変数target 入れろ Path作成 文字列「a_dir」
target = Path('a_dir')
コピーしろ 文字列化 変数path 文字列化 変数target
copy(str(path), str(target))
```

読み下し文

1 pathlibモジュールからPathオブジェクトを取り込め

2 shutilモジュールからcopy関数を取り込め

3 文字列「ant.TXT」を指定してPathオブジェクトを作成し、変数pathに入れろ

4 文字列「a_dir」を指定してPathオブジェクトを作成し、変数targetに入れろ

5 文字列化した変数pathと文字列化した変数targetを指定してコピーしろ

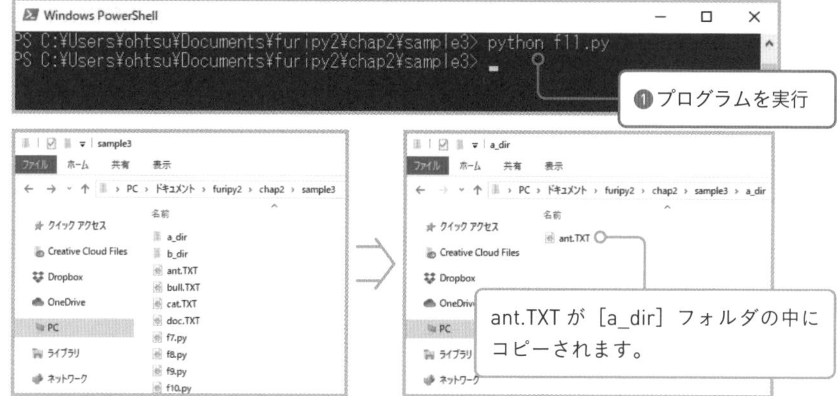


f11.pyでは移動ではなくコピーしているので、ant.TXTは元のフォルダにも残っています。

# ファイルを削除する

```
path         Pathオブジェクト
path.unlink()
path         Pathオブジェクト
```

- path：変数path
- unlink()：削除しろ

### インポート方法

```
from pathlib import Path
```

### Path.unlinkメソッドの引数

| 引数 | 型 | 説明 |
| --- | --- | --- |
| 引数 missing_ok | ブール値 | Trueにすると対象のファイルが存在しないときにエラーが発生しない。省略時はFalse |

DOC https://docs.python.org/ja/3/library/pathlib.html#pathlib.Path.unlink

## Path.unlinkメソッドでファイルを削除する

ファイルを削除したいときはunlinkメソッドを使います。unlinkメソッドはフォルダは削除できません。フォルダを削除したいときは文例F14のrmdirメソッドを使ってください。

なんで削除するのにunlinkなんですか？

LinuxなどのUNIX系OSで使われているunlinkコマンドに由来しているらしいよ

■chap2/sample3/f12.py

```
  から   pathlibモジュール   取り込め  Pathオブジェクト
from␣pathlib␣import␣Path
変数path 入れろ Path作成      文字列「a_dir/ant.TXT」
path = Path('a_dir/ant.TXT')
変数path    削除しろ
path.unlink()
```

読み下し文

pathlibモジュールからPathオブジェクトを取り込め

文字列「a_dir/ant.TXT」を指定してPathオブジェクトを作成し、変数pathに入れろ

変数pathを削除しろ

f12.pyでは「a_dir/ant.TXT」というパスを指定しているため、f11.pyでコピーした［a_dir］フォルダの中のant.TXTが削除されます。対象のファイルがないときはFileNotFoundErrorが発生します。

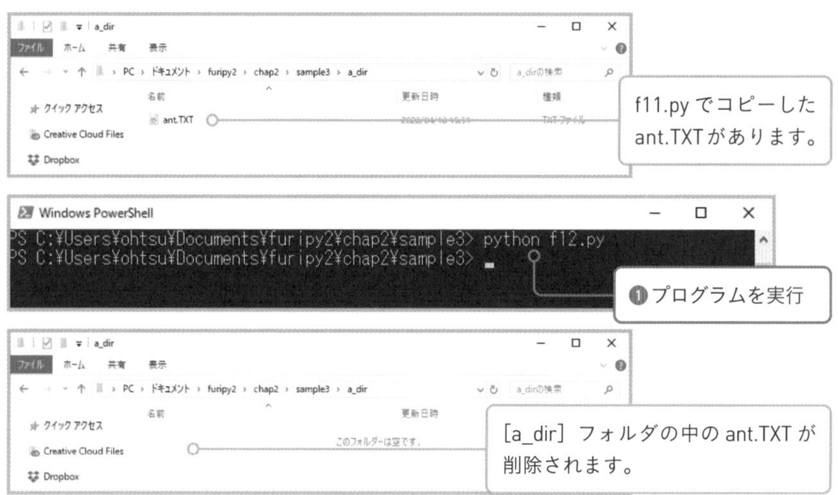


また、f12.pyというファイル自体は［a_dir］フォルダの中ではなく、その親のフォルダ（[sample3]）に入れる必要があります。f12.pyが存在するフォルダを基準にして、［a_dir］フォルダの中のファイルを削除するからです。

# フォルダを作成する

変数path

```
path  Pathオブジェクト
```

変数path　フォルダ作成　引数exist_okにブール値True

```
path.mkdir(exist_ok=True)
```

変数path

```
path  Pathオブジェクト
```

### インポート方法

```
from pathlib import Path
```

### Path.mkdirメソッドの引数と戻り値

| | | |
|---|---|---|
| 引数mode | int | ファイルのパーミッションを表す値。省略時は8進数の0o777（制限なし）になる。 |
| 引数parents | ブール値 | Trueを指定すると必要に応じて親フォルダを作成する。省略時はFalse |
| 引数exist_ok | ブール値 | Trueを指定するとすでに同名のフォルダがあってもエラーにしない。省略時はFalse |
| 戻り値 | ― | ― |

DOC https://docs.python.org/ja/3/library/pathlib.html#pathlib.Path.mkdir

## フォルダを作成するPath.mkdirメソッド

Path.mkdirメソッドの引数modeは、macOSやLinuxで使われるパーミッション（アクセス許可）の指定です。引数parentsは親フォルダの作成許可で、例えば指定したパスが「p_dir/c_dir」で［p_dir］フォルダが存在しない場合、親の［p_dir］フォルダも作成します。引数exist_okはすでに同名フォルダが存在する場合、エラーにするかしないかを決めます。

■ chap 2/sample 3/f13.py

```
から　pathlibモジュール　取り込め　Pathオブジェクト
from pathlib import Path
変数path 入れろ Path作成　文字列「c_dir」
path = Path('c_dir')
変数path　フォルダ作成　引数exist_okにブール値True
path.mkdir(exist_ok=True)
```

読み下し文

1 pathlibモジュールからPathオブジェクトを取り込め

2 文字列「c_dir」を指定してPathオブジェクトを作成し、変数pathに入れろ

3 引数exist_okにブール値Trueを指定して変数pathフォルダを作成しろ

f13.pyではmkdirメソッドの引数に「exist_ok=True」を指定しています。そのため、f13.pyを何回実行してもエラーになりません。「exist_ok=True」を省略した場合、省略時はFalseとなるため、すでに［c_dir］フォルダが存在するとFileExistsErrorが発生します。

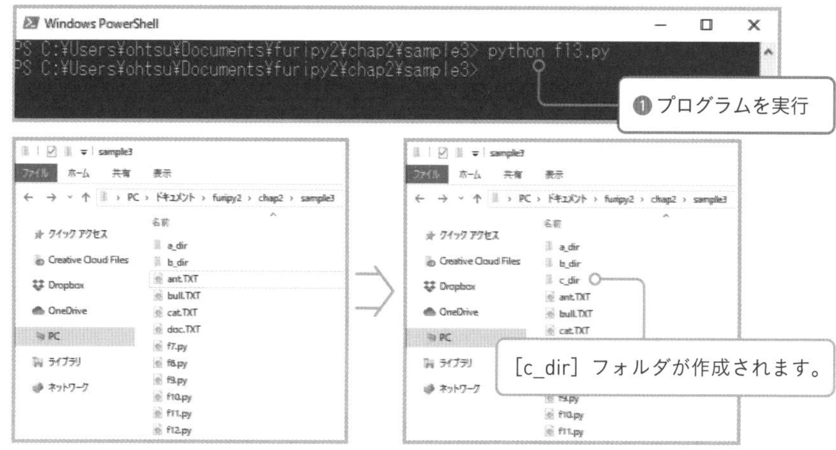


mkdirはMake Directoryの略ですよね。フォルダのことをディレクトリって呼ぶことがあるのは知ってますよ

文例 F14

# フォルダを削除する

```
変数path
path  Pathオブジェクト

変数path  フォルダ削除
path.rmdir()

変数path
path  Pathオブジェクト
```

**インポート方法**

```
from pathlib import Path
```

DOC https://docs.python.org/ja/3/library/pathlib.html#pathlib.Path.rmdir

## 空のフォルダを削除するPath.rmdirメソッド

Path.rmdirメソッドはフォルダを削除するメソッドです。引数も戻り値もありません。ただし、フォルダの中が空でなければ削除できません。先に文例F12のPath.unlinkメソッドで中のファイルを削除してからフォルダを削除する必要があります。

■chap 2/sample 3/f14.py

```
から  pathlibモジュール  取り込め  Pathオブジェクト
from pathlib import Path

変数path 入れろ Path作成  文字列「c_dir」
path = Path('c_dir')

変数path  フォルダ削除
path.rmdir()
```

### 読み下し文

1 pathlibモジュールからPathオブジェクトを取り込め

2 文字列「c_dir」を指定してPathオブジェクトを作成し、変数pathに入れろ

3 変数pathフォルダを削除しろ



f14.pyではf13.pyで作成した［c_dir］フォルダを削除しています。中身が空であれば問題ありませんが、中にファイルが入っているとOSErrorが発生します。また、削除後にもう一度rmdirメソッドを実行するとFileNotFoundErrorが発生します。

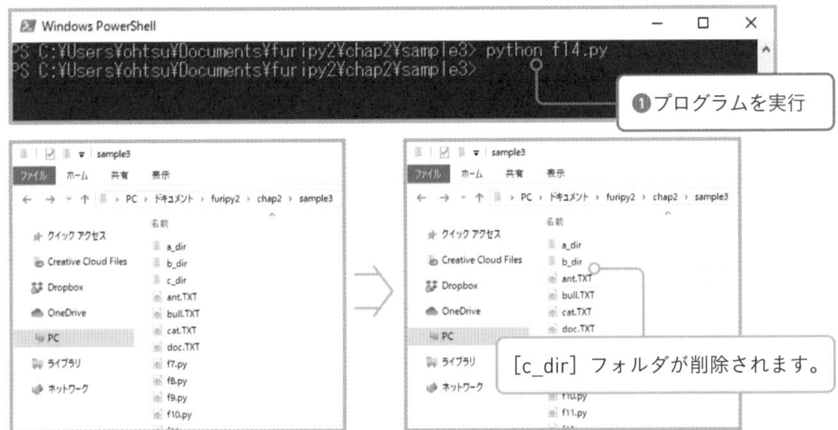


実はshutilモジュールにはrmtree関数があり、これを使うと中身があってもフォルダを削除できます。

```
rmtree(path)
```

最初からrmtree関数を使えばいいのでは？

まぁそうなんだけど、間違って必要なファイルが入ったフォルダを削除したら取り返しの付かないことになるからね。自動処理で中身が入ったフォルダを削除するのは、なるべく避けたほうがいいよ

# ファイルの最終更新日時を調べる

```
変数path
path Pathオブジェクト

変数st_mtime 入れろ 変数path 情報取得 更新日時
st_mtime = path.stat().st_mtime

変数update 入れろ datetimeオブジェクト タイムスタンプから作成 変数st_mtime
update = datetime.fromtimestamp(st_mtime)

変数path 変数st_mtime
path Pathオブジェクト st_mtime stat_resultオブジェクト

変数update
update datetimeオブジェクト
```

### インポート方法

```
from datetime import datetime
```

### Path.statメソッドの戻り値

| | | |
|---|---|---|
| 戻り値 | stat_result | ファイルの情報が入ったstat_resultオブジェクトを返す |

DOC https://docs.python.org/ja/3/library/pathlib.html#pathlib.Path.stat

### datetime.fromtimestampメソッドの引数と戻り値

| | | |
|---|---|---|
| 引数timestamp | float | POSIXタイムスタンプという形式の日付時刻値 |
| 戻り値 | datetime | datetimeオブジェクトを返す |

DOC https://docs.python.org/ja/3/library/datetime.html#datetime.date.fromtimestamp

## 2つのメソッドの合わせ技で更新日時を取得する

Path.statメソッドによって取得したファイル情報に含まれる最終更新日時は、「1586441396.6809082」のようなPOSIXタイムスタンプ形式です。そこでdatetime.fromtimestampメソッドで読みやすい日時に変換します。

■chap2/sample3/f15.py

```
  から   pathlibモジュール   取り込め  Pathオブジェクト
from pathlib import Path
  から   datetimeモジュール   取り込め   datetimeオブジェクト
from datetime import datetime
変数path 入れろ Path作成   文字列「ant.TXT」
path = Path('ant.TXT')
 変数st_mtime  入れろ 変数path  情報取得          更新日時
st_mtime = path.stat().st_mtime
 変数update 入れろ datetimeオブジェクト  タイムスタンプから作成     変数st_mtime
update = datetime.fromtimestamp(st_mtime)
 表示しろ   変数update
print(update)
```

読み下し文

1. pathlibモジュールからPathオブジェクトを取り込め
2. datetimeモジュールからdatetimeオブジェクトを取り込め
3. 文字列「ant.TXT」を指定してPathオブジェクトを作成し、変数pathに入れろ
4. 変数pathから情報を取得し、その更新日時を変数st_mtimeに入れろ
5. 変数st_mtimeを指定して、datetimeオブジェクトを利用してタイムスタンプからdatetimeオブジェクトを作成し、変数updateに入れろ
6. 変数updateを表示しろ

```
Windows PowerShell
PS C:¥Users¥ohtsu¥Documents¥furipy2¥chap2¥sample3> python f15.py
2020-04-09 23:09:56.680908
PS C:¥Users¥ohtsu¥Documents¥furipy2¥chap2¥sample3>
```

❶プログラムを実行

ant.TXT の最終更新日時が表示されます。

文例
# D1 現在の日時を取得する

変数today　入れろ　datetimeオブジェクト　今の日時を取得

```
today = datetime.today()
```

変数today

```
today
```

datetimeオブジェクト

### インポート方法

```
from datetime import datetime
```

### datetime.todayメソッドの戻り値

| 戻り値 | datetime | 現在の日時を表すdatetimeオブジェクトを返す |
|---|---|---|

DOC https://docs.python.org/ja/3/library/datetime.html#datetime.datetime.today

## 日時を管理するdatetimeオブジェクト

文例F15で先取りして利用しましたが、datetimeオブジェクトは日付と時刻を表します。datetimeモジュールには、日付だけを表すdateオブジェクトや時刻だけを表すtimeオブジェクト、時間差を表すtimedeltaオブジェクトなどが含まれており、datetimeオブジェクトはその中の1つです。

文例D1はdatetimeオブジェクトのtodayメソッドを使って、現在の日時を表すdatetimeオブジェクトを作成します。

■chap2/sample4/d1.py

から　datetimeモジュール　取り込め　datetimeオブジェクト

```
from␣datetime␣import␣datetime
```

変数today　入れろ　datetimeオブジェクト　今の日時を取得

```
today = datetime.today()
```

表示しろ　変数today

```
print(today)
```

## 読み下し文

1 datetimeモジュールからdatetimeオブジェクトを取り込め

2 datetimeオブジェクトを利用して今の日時を取得し、変数todayに入れろ

3 変数todayを表示しろ

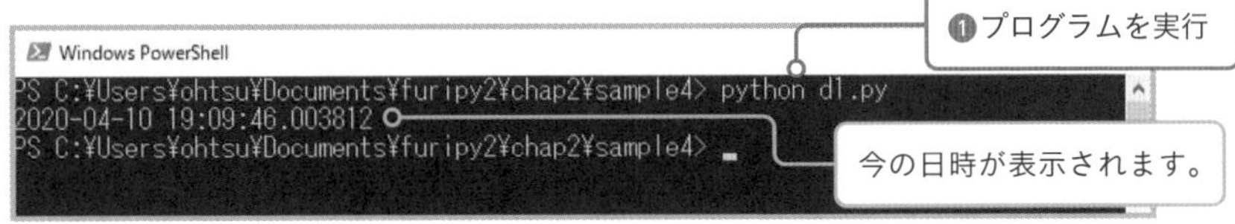


### 今日以外の日時が必要な場合は？

今日以外の日時が必要な場合は、datetimeオブジェクトのコンストラクタ（オブジェクトを作るための特殊なメソッド）に年数や日数などを渡します。マイクロ秒（100万分の1秒）まで指定できます。

datetime(2019, 1, 1) ―― 2019年1月1日0時0分

datetime(2019, 1, 1, 12, 30) ―― 2019年1月1日12時30分

datetime(2019, 1, 1, 12, 30, 10) ―― 2019年1月1日12時30分10秒

これまでPathオブジェクトばっかりだったのに、どうしてdatetimeオブジェクトの文例になったんですか？

そこに気付いてしまったか……。実はこのあとでファイルの更新日時と今の日時を比較する合体文例を見せる予定なんだ。その都合で両方知ってほしかったんだよ

まぁファイルと日時、まったく無関係でもないですよね

文例 D2

# 日付データを指定した書式の日付文字列にする

変数today

```
today
```
datetimeオブジェクト

変数datestr　入れろ　フォーマット文字列「{today:%Y/%m/%d}」

```
datestr = f'{today:%Y/%m/%d}'
```

変数datestr

```
datestr
```
strオブジェクト

## フォーマット文字列で日付文字列を作成する

datetimeオブジェクトそのままだと、マイクロ秒を含めた長い形式になっています。「{変数:日付の書式文字列}」というフォーマット文字列を使うと、任意の形式の日付文字列を作成できます。下表の指定子を組み合わせて日付の書式文字列を作成します。

| 指定子 | 意味 | 指定子 | 意味 |
|---|---|---|---|
| %a | 曜日名の短縮形（Fri） | %y | 下2桁の年 |
| %A | 曜日名（Friday） | %Y | 4桁の年 |
| %d | 日 | %m | 月 |
| %b | 月名の短縮形（Apr） | %H | 24時間表記の時 |
| %B | 月名（April） | %M | 分 |

フォーマット文字列の日付の書式指定子は、datetimeオブジェクトのstrftimeメソッドと共通しています。より詳しい情報は公式ドキュメントの記事を参照してください。

- **strftime() と strptime() の振る舞い**
  https://docs.python.org/ja/3/library/datetime.html#strftime-strptime-behavior

■chap2/sample4/d2.py

```
から　datetimeモジュール　取り込め　datetimeオブジェクト
from␣datetime␣import␣datetime

変数today　入れろ　datetimeオブジェクト　今の日時を取得
today = datetime.today()

変数datestr　入れろ　フォーマット文字列「{today:%Y/%m/%d}」
datestr = f'{today:%Y/%m/%d}'

表示しろ　変数datestr
print(datestr)
```

読み下し文

1 datetimeモジュールからdatetimeオブジェクトを取り込め

2 datetimeオブジェクトを利用して今の日時を取得し、変数todayに入れろ

3 フォーマット文字列「{today:%Y/%m/%d}」を変数datestrに入れろ

4 変数datestrを表示しろ

d2.pyでは「%Y/%m/%d」という書式文字列を指定しているので、「2020/04/10」という形式で表示されます。

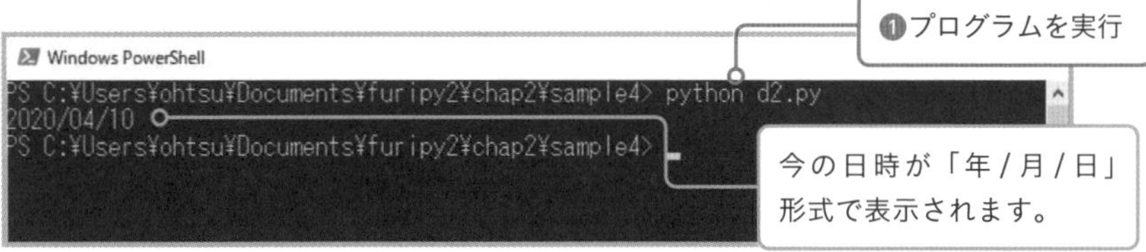


逆に日付文字列からdatetimeオブジェクトを生成したい場合は、datetime.strptimeメソッドを使用します。書式文字列の書き方は同じです。

```
date = datetime.strptime('2020/4/1', '%Y/%m/%d')
```

strptimeメソッドは、日付文字列を含むCSVファイルを処理したいときとかにも役立つぞ

合体

F1 + F7 + F8 + F11 + F13

# ファイルを拡張子ごとに整理する

それじゃここからは合体文例を作ってみよう。最初に作るのはファイルを種類ごとにフォルダ分けするプログラムだ

あー、Webページのファイルとかだと、CSSファイルを[css]フォルダに入れて、画像ファイルを[img]フォルダに入れたりしますよね

今回は機械的に拡張子ごとに分類するけど、工夫次第では画像ファイルをまとめることも可能だよ

## どんなプログラム？

今回作成する合体文例は、「ファイルを拡張子ごとにフォルダ分けする」というものです。

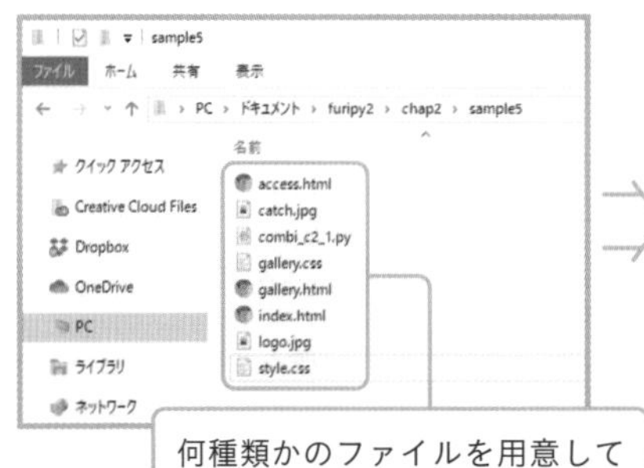


何種類かのファイルを用意しておきます。

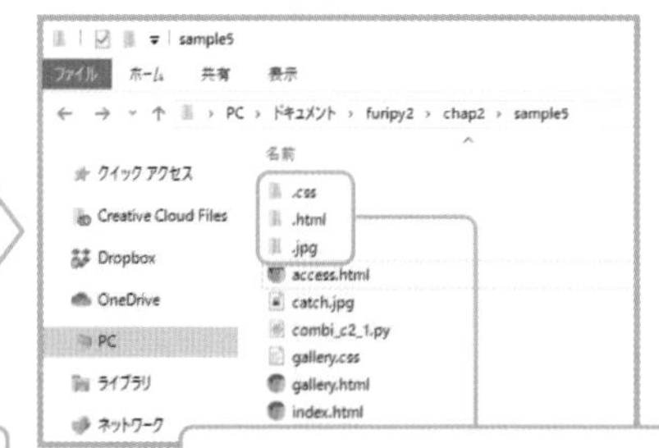


プログラムを実行すると拡張子のフォルダが作られます。

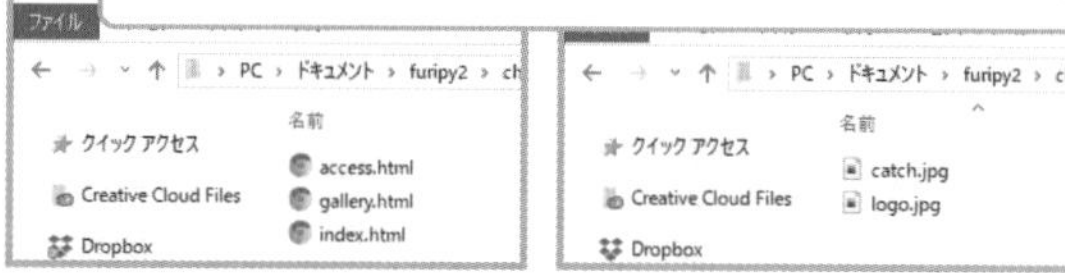

ファイルのコピーだったら何度もテストしやすいよね。失敗したらフォルダ削除すればやり直せるし



次の5つの文例を合体して作ります。

- **F1：フォルダ内のファイルを繰り返し処理する**
- **F7：ファイル名をパターンマッチする**
- **F8：ファイル名や拡張子を取り出す**
- **F11：ファイルやフォルダをコピーする**
- **F13：フォルダを作成する**

Path.globメソッドを使ってファイルを順番にチェックしていくのはいつもどおりですが、1つだけ注意が必要なのがPythonのプログラムファイルは除外しないといけない点です。そのためにPath.matchメソッドを使用し、拡張子がpyだったらcontinue文で以降の処理をスキップします。

■chap2/sample5/combi_c2_1.py

```
から pathlibモジュール 取り込め Pathオブジェクト
from pathlib import Path
から shutilモジュール 取り込め copy関数
from shutil import copy
変数current 入れろ Path作成
current = Path()
……の間 変数path 内 変数current パス取得 文字列「*.*」 以下を繰り返せ
for path in current.glob('*.*'):
    もしも 変数path マッチする 文字列「*.py」 真なら以下を実行せよ
    if path.match('*.py'):
        コンティニューせよ
        continue
```

変数ext 入れろ 変数path 接尾辞

4字下げ
```
    ext = path.suffix
```

変数target 入れろ パス作成 変数ext

4字下げ
```
    target = Path(ext)
```

変数target フォルダ作成 引数exist_okにブール値True

4字下げ
```
    target.mkdir(exist_ok=True)
```

コピーしろ 文字列化 変数path 文字列化 変数target

4字下げ
```
    copy(str(path), str(target))
```

読み下し文

1 pathlibモジュールからPathオブジェクトを取り込め

2 shutilモジュールからcopy関数を取り込め

3 Pathオブジェクトを作成し、変数currentに入れろ

4 文字列「*.*」を指定して変数current内のパスを取得し、変数pathに順次入れる間、以下を繰り返せ

5 もしも「変数pathが文字列「*.py」にマッチする」が真なら以下を実行せよ

6 コンティニューせよ

7 変数pathの接尾辞を変数extに入れろ

8 変数extを指定してPathオブジェクトを作成し、変数targetに入れろ

9 引数exist_okにブール値Trueを指定して、変数targetフォルダを作成しろ

10 文字列化した変数pathと文字列化した変数targetを指定してコピーしろ

Python以外のファイルに対して、まずPath.suffixプロパティで拡張子を取り出し、その名前のフォルダを作成します。そしてそのフォルダの中にコピーします。Path.mkdirメソッドで引数exist_okにTrueを指定しているため、すでにフォルダが作成済みでもエラーにならず、プログラムが続行されます。

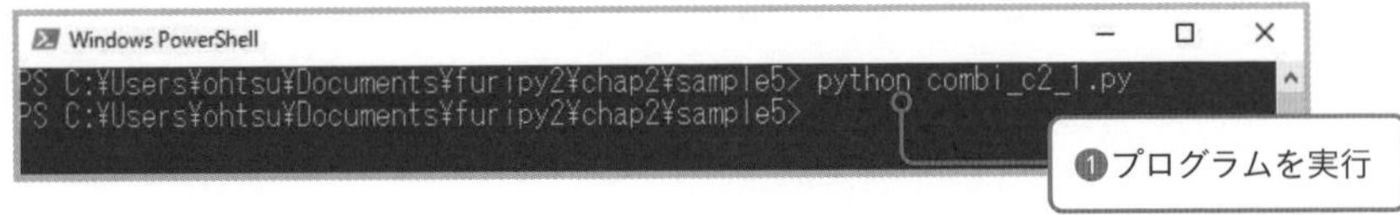

拡張子のフォルダにファイルがコピーされます。

一瞬で片付けが終わりますね。便利！　でも、フォルダ名に「.」が付いているのが気になりますねー

「.」はスライスを使えば消せるよ。それは次の章でやってみよう

最初にいってた、画像を［img］フォルダにまとめたいときはどうするんですか？

ファイルの種類が複数あるから、matchメソッドをor演算子で並べてチェックすればいいんじゃないかな

　or演算子は条件式のいずれかがTrueになるときに真になるため、複数の拡張子のファイルをまとめて処理したいときなどに役立ちます。

```
if path.match('*.jpg') or path.match('*.png'):   ― 拡張子がjpgかpngだったら
    target = Path('img')                          ┐
    target.mkdir(exist_ok=True)                   ┘― [img] フォルダを作成
    copy(str(path), str(target))                  ― ファイルをコピー
```

なるほどー。細かくif文で処理していけばいいわけですね

そういうこと。ちなみに拡張子だけをチェックするなら、拡張子をリストに入れて「if path.suffix in ['.jpg', '.jpeg', '.png', '.gif']」と書いたほうがスマートだね

合体

F1 + F10 + F13 + F15 + D1

# 古いファイルを<br>サブフォルダの中に片付ける

ファイルがたくさんあると探しにくくなるよね。そこで、古いファイルをサブフォルダの中に片付けてもらおう

新しい古いってどうやって決めるんですか？

今月の1日より更新日が古いファイルを移動してみよう

## どんなプログラム？

今回作成する合体文例は、「ファイルの日付が、プログラムを実行した月の1日より古かったら、[old] フォルダに移動する」というものです。

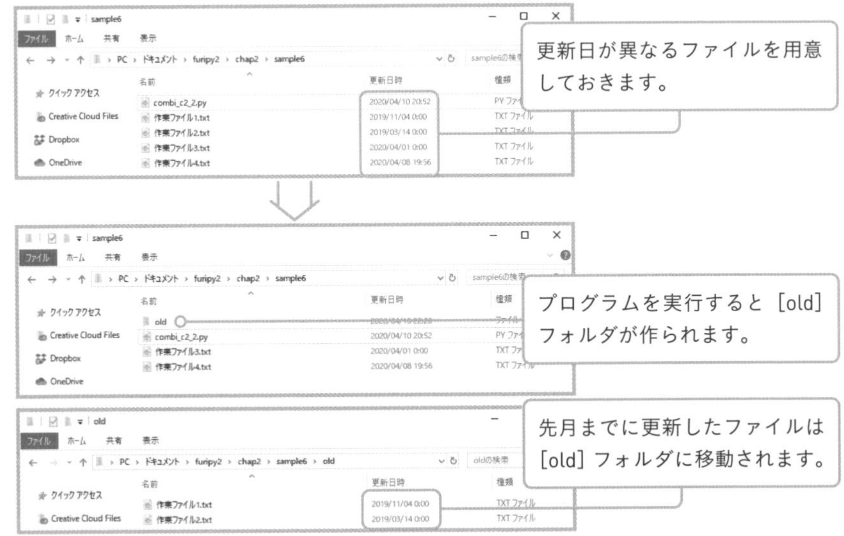

次の5つの文例を合体して作ります。

- **F1：フォルダ内のファイルを繰り返し処理する**
- **F10：ファイルやフォルダを移動する**
- **F13：フォルダを作成する**
- **F15：ファイルの最終更新日時を調べる**
- **D1：現在の日時を取得する**

プログラムの前半では、必要なオブジェクトをインポートし、片付け先の[old]フォルダや、今月の1日を表すdatetimeオブジェクトを用意します。

■chap2/sample6/combi_c2_2.py（前半）

```
から pathlibモジュール 取り込め Pathオブジェクト
from␣pathlib␣import␣Path
から shutilモジュール 取り込め move関数
from␣shutil␣import␣move
から datetimeモジュール 取り込め datetimeオブジェクト
from␣datetime␣import␣datetime
変数current 入れろ Path作成
current = Path()
変数target 入れろ Path作成 文字列「old」
target = Path('old')
変数target フォルダ作成 引数exist_okにブール値True
target.mkdir(exist_ok=True)
変数today 入れろ datetimeオブジェクト 今の日時を取得
today = datetime.today()
変数untilday 入れろ datetime作成 変数today 年
untilday = datetime(today.year,
                    変数today 月 数値1
                    today.month, 1)
```

大部分は文例どおりですが、ちょっと違うのが今月の1日を求める部分です。文例D1のdatetime.todayメソッドで作成できるのは現在の日時です。そこから年と月を取り出し、日を1にして新しいdatetimeオブジェクトを作成します。

読み下し文

pathlibモジュールからPathオブジェクトを取り込め

datetimeモジュールからdatetimeオブジェクトを取り込め

shutilモジュールからmove関数を取り込め

Pathオブジェクトを作成し、変数currentに入れろ

文字列「old」を指定してPathオブジェクトを作成し、変数targetに入れろ

引数exist_okにブール値Trueを指定して変数targetのフォルダを作成しろ

datetimeオブジェクトを利用して今の日時を取得し、変数todayに入れろ

変数todayの年と変数todayの月と数値1を指定してdatetimeオブジェクトを作成し、変数untildayに入れろ

プログラムの後半では、フォルダ内のすべてのファイルに対し、更新日をチェックして変数untildayの値より古ければ［old］フォルダに移動します。

■chap2/sample6/combi_c2_2.py（後半）

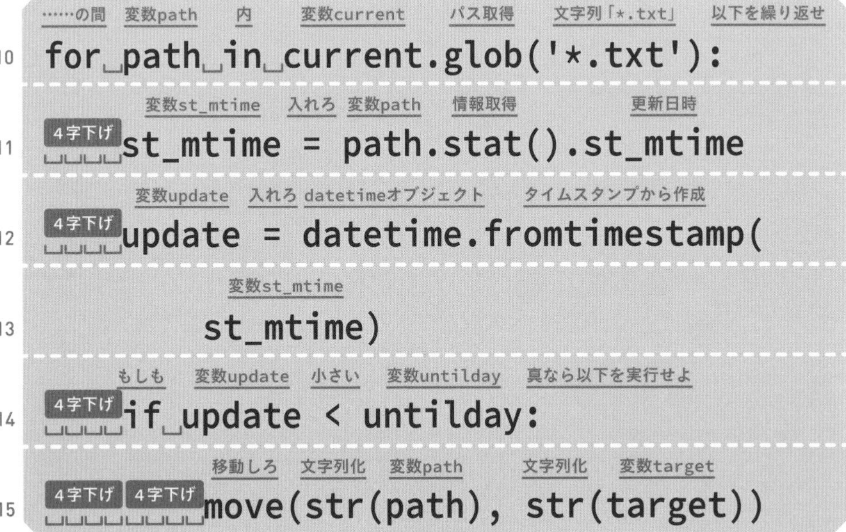

```
for path in current.glob('*.txt'):
    st_mtime = path.stat().st_mtime
    update = datetime.fromtimestamp(
        st_mtime)
    if update < untilday:
        move(str(path), str(target))
```



globメソッドでテキストファイルを取得したいので、引数に「*.txt」を指定しています。datetimeオブジェクト同士は比較演算子で大小を比べることができます。変数updateと変数untildayのdatetimeオブジェクトを比較し、変数

updateのほうが小さいときは［old］フォルダに移動します。

**読み下し文**

10 **文字列「*.txt」を指定して変数current内のパスを取得し、変数pathに順次入れる間、以下を繰り返せ**

11 **変数pathから情報を取得し、その更新日時を変数st_mtimeに入れろ**

12 **変数st_mtimeを指定して、datetimeオブジェクトを利用してタイムスタンプ**
13 **からdatetimeオブジェクトを作成し、変数updateに入れろ**

14 **もしも「変数updateが変数untildayより小さい」が真なら以下を実行せよ**

15 **文字列化した変数pathと文字列化した変数targetを指定して移動しろ**

プログラムを実行すると、ファイルが少なければ一瞬で完了します。何が起きているかわかりにくいので、print関数で途中経過を表示させてもいいかもしれません。

ファイルだけじゃなくてフォルダも片付けてくれたら便利ですよね

できないことはないけど、フォルダ内に古いファイルと新しいファイルが混在してるとややこしいことになる。プログラム任せにするのはちょっと怖いかもしれないね

### Pathオブジェクトのさまざまな小技

pathlibのPathオブジェクトには、ここまでに紹介していない便利な技がまだまだあります。
例えば「/ (スラッシュ)」を使ってパスを連結できます。「/」の左右のどちらかは文字列でも大丈夫です（両方文字列だとエラーになります)。

```
from pathlib import Path
path1 = Path('p_dir')
path2 = Path('test.txt')
path3 = path1 / path2 ── path3は「p_dir/test.txt」となる
```

逆にpartsプロパティを使うと、パスを区切り文字のところで分割することができます。partsプロパティの戻り値は文字列のタプルです。

```
paths = path3.parts ── 「p_dir」と「test.txt」のタプルになる
```

Path.parentプロパティを使って、親フォルダを取得できます。次の例ではpath3が「p_dir/test.txt」なので、「test.txt」というファイルを示しており、ファイルの親フォルダの「p_dir」を表すPathオブジェクトを返します。

```
path4 = path3.parent ── path4は「p_dir」となる
```

また、次のメソッドも必要になることがあるかもしれません。

```
Path.cwd() ── 現在のフォルダを返す
Path.home() ── ユーザーのホームフォルダを返す(「c:\Uers\ユーザー名」など)
```

Pathオブジェクトは絶対パス(「c:¥」のようにドライブレターから始まるパス)も扱えますが、絶対パスはOSごとの違いの影響を受けやすくなります。現在のフォルダ（Pythonのプログラムファイルがあるフォルダ）を基点とした相対パスのほうが扱いが楽です。

# Chapter 3

# テキストを扱う文例

T

NO 01

# テキストに対して行える処理

テキスト処理が重要なことはいうまでもないよね

そうですかね？　日常でテキストデータを扱うことってそんなに多くないような？

いやいや、プログラムのソースコードはテキストだし、WebのHTMLとかCSSもそうだし、ファイル名だってテキストだし……

## ほとんどのデータはテキスト（文字列）で表される

テキストを直接扱うことが多いかは職種によって異なりますが、少なくともプログラムにおいてはテキスト処理はかなり重要です。画像、音声、動画などを除くと、ほとんどのデータはテキストといっていいでしょう。ビジネスユースではExcelで編集することが多い表形式のデータも、データベースなどの外部アプリとやりとりするときはたいていテキストデータになります。前のChapter 2で紹介したファイル処理でも、パスやファイル名を変換する必要が出てきたら文字列のメソッドを使用します。ですから、テキスト処理を知ると、プログラムで処理できることの幅が広がるのです。

Pythonでのテキスト処理は、文字列、つまりstrオブジェクトのメソッドが主役となります。公式ドキュメントでは、strオブジェクトのことをテキストシーケンス型とも呼んでいます。シーケンス型とは、リスト、タプル、Rangeといった「データの集まり」を扱う型のことです。strオブジェクトも文字の集まりなので、シーケンス型の一種です。

- **テキストシーケンス型 --- str**
  https://docs.python.org/ja/3/library/stdtypes.html#text-sequence-type-str

## テキストシーケンス型 --- str

Python のテキストデータは str オブジェクト、すなわち 文字列 として扱われます。文字列は Unicode コードポイントのイミュータブルな シーケンス です。文字列リテラルには様々な記述方法があります:

- シングルクォート: '"ダブル" クォートを埋め込むことができます'
- ダブルクォート: "'シングル' クォートを埋め込むことができます"。
- 三重引用符: '''三つのシングルクォート''', """三つのダブルクォート"""

三重引用符文字列は、複数行に分けることができます。関連付けられる空白はすべて文字列リテラルに含まれます。

単式の一部であり間に空白のみを含む文字列リテラルは、一つの文字列リテラルに暗黙に変換されます。つまり、("spam " "eggs") == "spam eggs" です。

エスケープシーケンスを含む文字列や、ほとんどのエスケープシーケンス処理を無効にする r ("raw") 接頭辞などの、文字列リテラルの様々な形式は、文字列およびバイト列リテラル を参照してください。

文字列は他のオブジェクトに str コンストラクタを使うことでも生成できます。

"character" 型が特別に用意されているわけではないので、文字列のインデックス指定を行うと長さ 1 の文字列

strオブジェクトを含むシーケンス型では、シーケンス演算という演算子を使った操作が行えます。これについては文例ではなく章末コラムで紹介します。

## 正規表現を扱うreモジュール

テキスト処理では、正規表現操作を行うreモジュールも重要です。正規表現を利用すると、「数字3文字のあとにハイフンを挟んで数字4文字が続く」といった複雑な条件で検索／置換を行えます。与えられた文字列が、メールアドレスや電話番号などの条件を満たしているかをチェックする際などに用いられます。

- **re --- 正規表現操作**
  https://docs.python.org/ja/3/library/re.html

目次

re --- 正規表現操作
- 正規表現のシンタックス
- モジュールコンテンツ
- 正規表現オブジェクト
- マッチオブジェクト
- 正規表現の例
  - ペアの確認
  - scanf() をシミュレートする
  - search() vs. match()
  - 電話帳を作る
  - テキストの秘匿
  - 全ての副詞を見つける
  - 全ての副詞とその位置を見つける
  - Raw 文字列記法
  - トークナイザを書く

前のトピックへ

string --- 一般的な文字列操作

## re --- 正規表現操作¶

**ソースコード:** Lib/re.py

このモジュールは Perl に見られる正規表現マッチング操作と同様のものを提供します。

パターンおよび検索される文字列には、Unicode 文字列 (str) や 8 ビット文字列 (bytes) を使います。ただし、Unicode 文字列と 8 ビット文字列の混在はできません。つまり、Unicode 文字列にバイト列のパターンでマッチングしたり、その逆はできません。同様に、置換時の置換文字列はパターンおよび検索文字列の両方と同じ型でなくてはなりません。

正規表現では、特殊な形式を表すためや、特殊文字をその特殊な意味を発動させず使うために、バックスラッシュ文字 ('¥') を使います。こうしたバックスラッシュの使い方は、 Python の文字列リテラルにおける同じ文字の使い方と衝突します。例えば、リテラルのバックスラッシュにマッチさせるには、パターン文字列として '¥¥¥¥' と書かなければなりません。なぜなら、正規表現は ¥¥ でなければならないうえ、それぞれのバックスラッシュは標準の Python 文字列リテラルで ¥¥ と表現せねばならないからです。 Python の文字列リテラルにおいて、バックスラッシュの使用による不正なエスケープ文字がある場合は、DeprecationWarning が発生し、将来的には SyntaxError になることにも注意してください。この動作は、正規表現として有効な文字列に対しても同様です。

いろいろ聞いたら、テキストも大事なような気がしてきました！

文例 T1

# 文字列の長さを調べる

変数txt
txt strオブジェクト

変数txtlen 入れろ 長さ 変数txt
txtlen = len(text)

変数txtlen 変数txt
txtlen intオブジェクト txt strオブジェクト

### len関数の引数と戻り値

| | | |
|---|---|---|
| 引数 | コレクション | コレクション型のオブジェクト |
| 戻り値 | int | 長さ（要素の数）を返す |

DOC https://docs.python.org/ja/3/library/functions.html#len

## コレクション型の長さを調べるlen関数

len関数は、文字列のメソッドではなく組み込み関数です。文字列、リスト、タプル、range、辞書、集合などのコレクション型（P.118参照）の長さ（要素数）を調べることができます。

■chap3/sample1/t1.py

変数txt 入れろ 文字列「パイソンでLet\'s Programming ABC」

```
txt = 'パイソンでLet\'s Programming ABC'
```

変数txtlen 入れろ 長さ 変数txt

```
txtlen = len(txt)
```

表示しろ 変数txtlen

```
print(txtlen)
```

## 読み下し文

1 文字列「パイソンでLet\'s Programming ABC」を変数txtに入れろ

2 変数txtの長さを変数txtlenに入れろ

3 変数txtlenを表示しろ

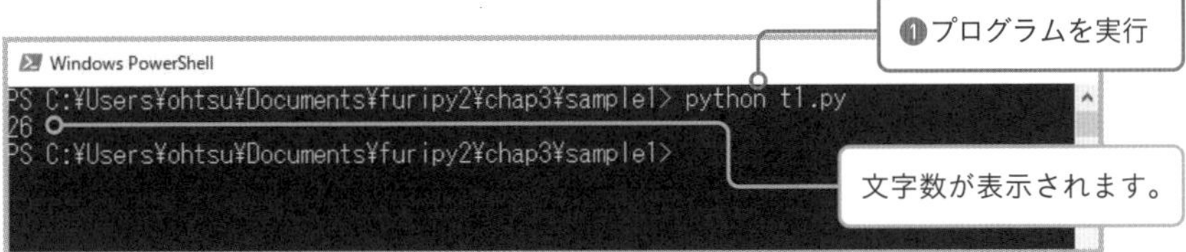

「パ・イ・ソ・ン・で」……。27文字じゃないですか？

「Let's」のところでシングルクォートを書くために、「\(バックスラッシュ)」を使ってエスケープしてるんだ。つまり「\'」で1文字になるから26文字なんだよ

シングルクォートで囲んだ文字列内でシングルクォートを使いたい場合は、「\'」のように書く必要があります。このような表現をエスケープシーケンスといいます。ちなみに、文字列にシングルクォートを含めたいだけなら、文字列の囲みを「" (ダブルクォート)」に変えるほうが簡単です。

| 表現 | 意味 |
|---|---|
| \\ | バックスラッシュ |
| \' | シングルクォート |
| \" | ダブルクォート |
| \n | 行送り（LF） |
| \r | 復帰（CR） |
| \t | タブ |

改行について補足すると、Windowsの改行コードはCRLF（エスケープシーケンスで表現すると\r\n）、macOSやLinuxではLF（\n）なので、テキストファイルを読み込んで処理するときにトラブルが起きることがあります。問題を解決するために、文例T5のstr.splitlinesメソッドを使うことができます。

文例 T2

# アルファベットの大文字／小文字を変換する

```
変数txt
txt strオブジェクト
変数txt 入れろ 変数txt 小文字化しろ
txt = txt.lower()
変数txt
txt strオブジェクト
```

### str.lowerメソッドの戻り値

| 戻り値 | str | 複製した文字列を小文字化して返す |
|---|---|---|

DOC https://docs.python.org/ja/3/library/stdtypes.html#str.lower

## 大文字／小文字を変換するlower／upperメソッド

str.lowerは文字列（strオブジェクト）のメソッドの1つで、文字列中の大文字を小文字に変換します。全角のアルファベットも変換します。str.upperという小文字を大文字にするメソッドもあり、使い方はまったく同じです。

変換後の文字列を返すので、それを変数に入れて利用します。

■ chap3/sample1/t2.py

```
変数txt 入れろ 文字列「パイソンでLet\'s Programming ABC」
txt = 'パイソンでLet\'s Programming ABC'
変数txt 入れろ 変数txt 小文字化しろ
txt = txt.lower()
表示しろ 変数txt
print(txt)
```

### 読み下し文

1 文字列「パイソンでLet\'s Programming ABC」を変数txtに入れろ

2 変数txtを小文字化して変数txtに入れろ
3 変数txtを表示しろ

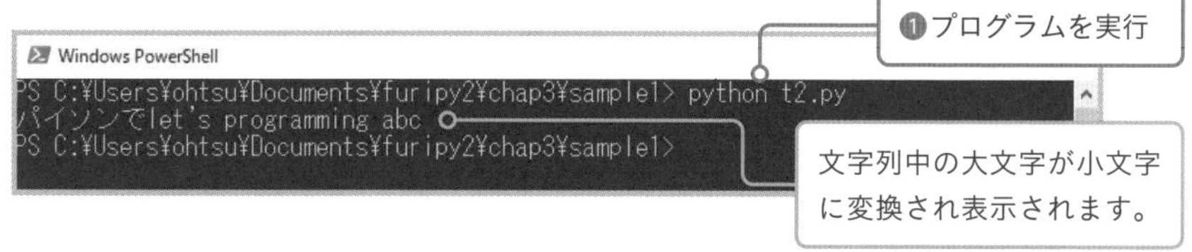

メソッドは全然難しくないですが、戻り値の説明の「複製した文字列を返す」ってどういう意味ですか？

文字列は変更不可（immutable）なオブジェクトだから、元の文字列を変えずに新しいものを返すってことだよ

lowerとupperメソッドは、strオブジェクトが持つ文字のデータを変更しません。複製した新しいstrオブジェクトを返します。

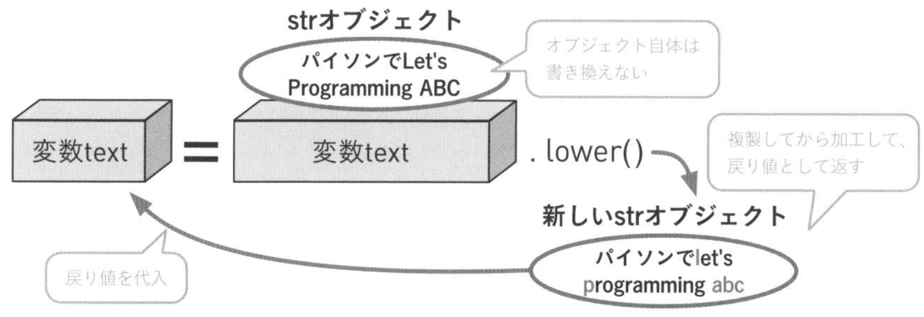

最初に変数txtに入っていたstrオブジェクトと、変換後に変数txtに入れるstrオブジェクトは別物なんですね

ちなみにt2.pyでは、1行目で変数txtに文字列を入れたあと、2行目で小文字化した別の文字列を入れています。このように変数の内容を書き換えることを**再代入**といい、プログラムを読みにくくする恐れがあります。本書の文例は、変数名を増やすと合体できなくなるために再代入していますが、不適切な場合もあることは頭に入れておいてください。

文例 **T3** 

# 単語の出現数を調べる

```
変数txt
txt  strオブジェクト

変数cnt 入れろ 変数txt カウントしろ 文字列「Python」
cnt = txt.count('Python')

変数cnt                       変数txt
cnt  intオブジェクト          txt  strオブジェクト
```

str.countメソッドの引数と戻り値

| | | |
|---|---|---|
| 引数sub | str | カウントする部分文字列 |
| 引数start | int | カウント開始位置。省略時は先頭 |
| 引数end | int | カウント終了位置。省略時は末尾 |
| 戻り値 | int | 引数subに指定した文字列が出現する回数を返す |

DOC https://docs.python.org/ja/3/library/stdtypes.html#str.count

## 部分文字列の出現数を調べるstr.countメソッド

str.countメソッドは、strオブジェクトの中に引数subとして渡した文字列が何個出現するかを数えるメソッドです。カウントの開始位置、終了位置を指定できますが、単純に全体をカウントするときは省略します。

t3.pyはテキストファイル内に「Python」という単語が出現する回数を数えています。テキストファイルを読み込むために文例F3を組み合わせます。

■chap3/sample1/t3.py

```
から  pathlibモジュール  取り込め  Pathオブジェクト
from␣pathlib␣import␣Path

変数path 入れろ Path作成 文字列「sample.txt」
path = Path('sample.txt')
```

```
変数txt 入れろ 変数path      テキストを読み込め        引数encodingに文字列「utf-8」
txt = path.read_text(encoding='utf-8')
変数cnt 入れろ 変数txt カウントしろ  文字列「Python」
cnt = txt.count('Python')
表示しろ  変数cnt
print(cnt)
```

読み下し文

1. pathlibモジュールからPathオブジェクトを取り込め
2. 文字列「sample.txt」を指定してPathオブジェクトを作成し、変数pathに入れろ
3. 引数encodingに文字列「utf-8」を指定して変数pathからテキストを読み込み、結果を変数txtに入れろ
4. 文字列「Python」を指定して変数txt内をカウントし、結果を変数cntに入れろ
5. 変数cntを表示しろ

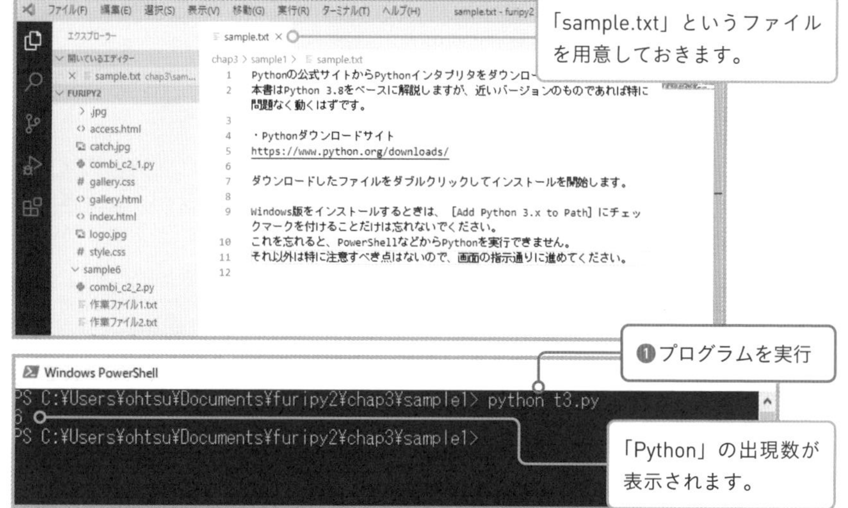


countメソッドは何かいろいろ使えそうですね。エゴサーチみたいなこともできそう

文例 T4

# 文字列を区切り文字で分割したリストにする

```
変数txt
txt strオブジェクト

変数lst 入れろ 変数txt 分割しろ 文字列「/」
lst = txt.split('/')

変数lst                        変数txt
lst listオブジェクト           txt strオブジェクト
```

str.splitメソッドの引数と戻り値

| 引数sep | str | 区切り文字 |
|---|---|---|
| 引数maxsplit | int | 最大分割数。省略時は制限なし |
| 戻り値 | list | 区切り文字で分割し、文字列のリストを返す |

DOC https://docs.python.org/ja/3/library/stdtypes.html#str.split

## 文字列を分割するstr.splitメソッド

str.splitメソッドは文字列を区切り文字で分割するメソッドです。区切り文字は「,」「:」「/」「、」「。」など何でもかまいません。2文字以上の区切り文字を使うこともできます。

■chap3/sample1/t4.py

```
変数txt 入れろ 文字列「ABC/def/GHI」
txt = 'ABC/def/GHI'

変数lst 入れろ 変数txt 分割しろ 文字列「/」
lst = txt.split('/')

表示しろ 変数lst
print(lst)
```

### 読み下し文

```
文字列「ABC/def/GHI」を変数txtに入れろ
文字列「/」を指定して変数txtを分割し、結果を変数lstに入れろ
変数lstを表示しろ
```

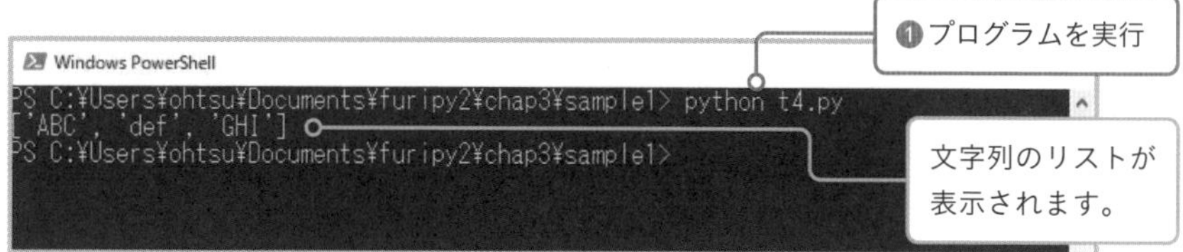

働きはわかるんですが、文字列を分割したいことってありますかね？

ハサミみたいな基本機能なので、意外と例を挙げにくいね。例えば日付の「2020/4/1」を年月日で分割するとか、名前の「山田 太郎」を姓と名に分割するとか……

つまり、いろんなところで使えるんですね。分割したい文字列に出会うまで、記憶の片隅に置いておきます

splitメソッドは左から分割していきますが、右から分割していくrsplitメソッドもあります。区切り文字のみを指定した場合は結果は同じです。しかし、引数maxsplitで分割数を制限したときは結果が変わります。

```
txt = 'ABC/def/GHI'
print(txt.split('/', 1))      結果は['ABC', 'def/GHI']
print(txt.rsplit('/', 1))     結果は['ABC/def', 'GHI']
```

引数maxsplitに1を指定した場合、分割数は1になります。splitメソッドは左から1つ目の区切り文字で分割しますが、rsplitメソッドは右から1つ目の区切り文字で分割します。

# 文例 T5 文字列を行ごとに分割したリストにする

変数txt

```
txt strオブジェクト
```

変数lst 入れろ 変数txt 複数行に分割しろ

```
lst = txt.splitlines()
```

……の間 変数line 内 変数lst 以下を繰り返せ

```
for␣line␣in␣lst:
```

4字下げ 変数line 変数txt

```
␣␣␣␣line strオブジェクト txt strオブジェクト
```

str.splitlinesメソッドの引数と戻り値

| | | |
|---|---|---|
| 引数keepends | ブール値 | Trueを指定すると分割後の文字列に改行を含む。省略時はFalse |
| 戻り値 | list | 改行部分で分割した文字列のリストを返す |

DOC https://docs.python.org/ja/3/library/stdtypes.html#str.splitlines

## 行ごとに処理したいときに使うstr.splitlinesメソッド

テキストファイルを1行ずつ処理したい場合に役立つのがstr.splitlinesメソッドです。WindowsのCRLF、macOSやLinuxのLFのどちらの改行コードが使われていても分割してくれます。分割後は繰り返し処理することが多いため、文例T5にはfor文も含めています。

■chap3/sample1/t5.py

から pathlibモジュール 取り込め Pathオブジェクト

```
from␣pathlib␣import␣Path
```

変数path 入れろ Path作成 文字列「sample.txt」

```
path = Path('sample.txt')
```

```
変数txt 入れろ 変数path テキストを読み込め 引数encodingに文字列「utf-8」
txt = path.read_text(encoding='utf-8')
変数lst 入れろ 変数txt 複数行に分割しろ
lst = txt.splitlines()
……の間 変数line 内 変数lst 以下を繰り返せ
for␣line␣in␣lst:
表示しろ 文字列「>>>」 変数line
4字下げ
␣␣␣␣print('>>>', line)
```

**読み下し文**

1 pathlibモジュールからPathオブジェクトを取り込め

2 文字列「sample.txt」を指定してPathオブジェクトを作成し、変数pathに入れろ

3 引数encodingに文字列「utf-8」を指定して変数pathからテキストを読み込み、結果を変数txtに入れろ

4 変数txtを複数行に分割し、結果を変数lstに入れろ

5 変数lst内の要素を取得し、変数lineに順次入れる間、以下を繰り返せ

6 　文字列「>>>」と変数lineを表示しろ

ここでは文例T3でも使用したsample.txtを1行ずつ表示しています。分割していることを示すために、それぞれの行頭に「>>>」を付けてみました。

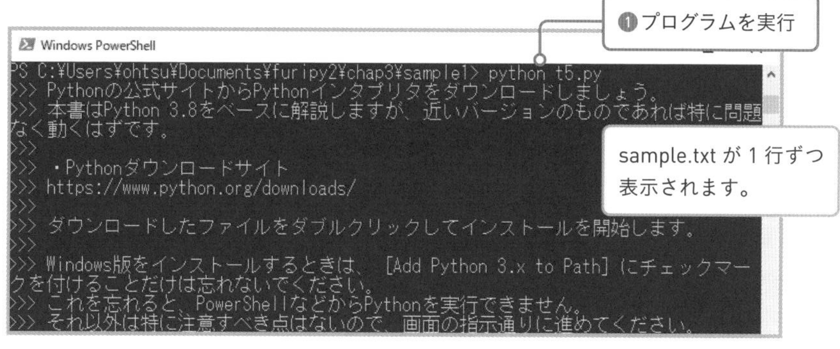

文例 T6

# 文字列のリストを連結して1つの文字列にする

```
変数lst
lst  listオブジェクト

変数txt 入れろ 文字列「/」 連結しろ 変数lst
txt = '/'.join(lst)

変数txt                 変数lst
txt  strオブジェクト     lst  listオブジェクト
```

**str.joinメソッドの引数と戻り値**

| | | |
|---|---|---|
| 引数iterable | iterable | コレクション型のオブジェクト |
| 戻り値 | str | 区切り文字を挟んで連結した文字列を返す |

DOC https://docs.python.org/ja/3/library/stdtypes.html#str.join

## リストを連結するstr.joinメソッド

str.joinメソッドは、文例T4で紹介したstr.splitメソッドのまさに逆の働きをします。strオブジェクトに指定した区切り文字と、引数に指定したリストやタプルを連結して、文字列を返します。splitメソッドがハサミなら、joinメソッドは糊のようなものです。

■chap3/sample1/t6.py

```
変数lst 入れろ 文字列「ABC」 文字列「def」 文字列「GHI」
lst = ['ABC', 'def', 'GHI']
変数txt 入れろ 文字列「/」 連結しろ 変数lst
txt = '/'.join(lst)
表示しろ 変数txt
print(txt)
```

読み下し文

1 リスト［文字列「ABC」, 文字列「def」, 文字列「GHI」］を変数lstに入れろ

2 変数lstを指定して文字列「/」で連結し、結果を変数txtに入れろ

3 変数txtを表示しろ

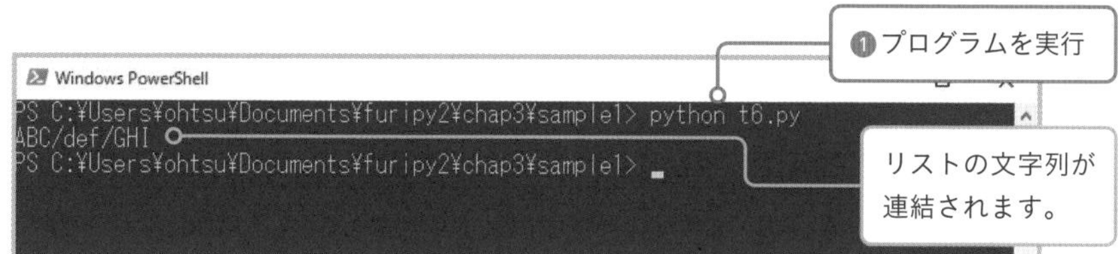

splitがハサミなら、joinは糊。2つを使いこなせば連結も分割も自在だよ

それはわかりましたけど、引数のiterableって何ですか？

反復可能なオブジェクトのことで、具体的にはリストやタプル、辞書などだね

文例T1で簡単に、「文字列、リスト、タプル、range、辞書、集合などをコレクション型」と呼ぶと説明しましたが、これらが持つ性質がiterable（イテラブル）の性質です。和訳すると「反復可能」という意味で、iterableなオブジェクトはfor文で繰り返し処理できます。

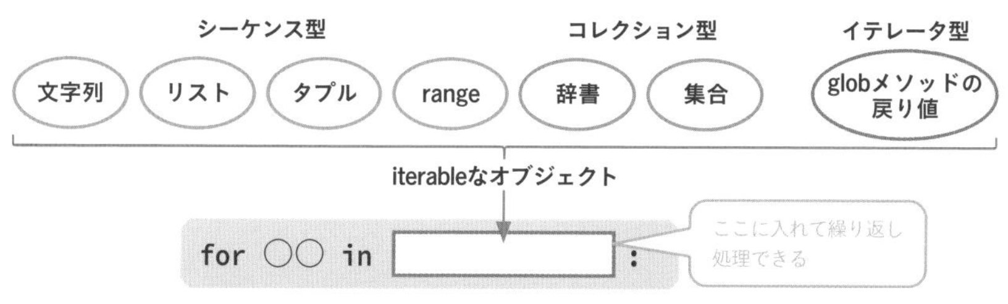


なるほど。ファイルの文例で使ったglobメソッドがfor～inのあとに書けるのは、iterableだったからなんですね

文例 T7

# 部分文字列の出現位置を調べる

変数txt
txt strオブジェクト

変数wordpos　入れろ　変数txt　探せ　文字列「Python」
```
wordpos = txt.find('Python')
```

変数wordpos　変数txt
wordpos intオブジェクト　txt strオブジェクト

### str.findメソッドの引数と戻り値

| | | |
|---|---|---|
| 引数sub | str | 探索する部分文字列 |
| 引数start | int | 探索の開始位置。省略時は先頭 |
| 引数end | int | 探索の終了位置。省略時は末尾 |
| 戻り値 | int | 引数subが出現する位置（インデックス）を返す |

DOC https://docs.python.org/ja/3/library/stdtypes.html#str.find

## 部分文字列を探すstr.findメソッド

str.findメソッドは引数subに指定した文字列を探します。戻り値は先頭の文字を0とするインデックスです。使い方は文例T3のstr.countメソッドに似ており、探索の開始位置と終了位置を指定できます。

■chap3/sample1/t7.py

変数txt　入れろ　文字列「Let\'s Program with Python」
```
txt = 'Let\'s Program with Python'
```
変数wordpos　入れろ　変数txt　探せ　文字列「Python」
```
wordpos = txt.find('Python')
```
表示しろ　変数txt
```
print(txt)
```

表示しろ　文字列「 」　掛ける　変数wordpos　連結　文字列「^ここ」

```
print(' '  * wordpos + '^ここ')
```

**読み下し文**

1 文字列「Let\'s Program with Python」を変数txtに入れろ

2 文字列「Python」を指定して変数txt内を探し、位置を変数wordposに入れろ

3 変数txtを表示しろ

4 文字列「 」に変数wordposを掛け、文字列「^ここ」を連結した結果を表示しろ

t7.pyでは、「Python」という文字列が出現する位置を調べて変数wordposに入れ、それを半角スペース1個に掛けています。Pythonでは文字列に整数を掛けると文字列を繰り返しコピーできるため、「Python」の出現位置まで半角スペースが並びます。そのあとに「^ここ」と表示して、「Python」の出現位置を示しています。

ちなみに、位置を調べる必要がなく、文字列内に部分文字列が含まれているかいないかだけ知りたいときは、findメソッドではなくin演算子を使います（P.116参照）。

文例 T8

# 先頭が特定の単語で始まるかチェックする

```
変数txt
txt strオブジェクト
もしも 変数txt で始まる 文字列「SP」 真なら以下を実行せよ
if txt.startswith('SP'):
    変数txt
    txt strオブジェクト
```

（4字下げ）

str.startswithメソッドの引数と戻り値

| | | |
|---|---|---|
| 引数prefix | str／tuple | 接頭語。複数の文字列をタプルにして渡すこともできる |
| 引数start | int | 探索の開始位置。省略時は先頭 |
| 引数end | int | 探索の終了位置。省略時は末尾 |
| 戻り値 | ブール値 | 引数prefixで始まる場合はTrueを返す |

DOC https://docs.python.org/ja/3/library/stdtypes.html#str.startswith

## 接頭辞をチェックするstr.startswithメソッド

str.startswithメソッドは、特定の文字列で始まる（接頭辞）かをチェックします。文例T7のfindメソッドでも代用可能ですが、こちらのほうがシンプルに書けますし、複数の接頭辞をチェックできるという長所もあります。

■chap3/sample1/t8.py

```
変数lst 入れろ 文字列「C1012」 文字列「SPC1451」 文字列「C1582」
lst = ['C1012', 'SPC1451', 'C1582',
                  文字列「EXC1612」
                  'EXC1612']
……の間 変数txt 内 変数lst 以下を繰り返せ
for txt in lst:
```

もしも　変数txt　で始まる　文字列「SP」　真なら以下を実行せよ

```
4字下げ if␣txt.startswith('SP'):
```

表示しろ　変数txt

```
4字下げ 4字下げ print(txt)
```

読み下し文

リスト[文字列「C1012」, 文字列「SPC1451」, 文字列「C1582」, 文字列「EXC1612」]を変数lstに入れろ

変数lst内の要素を取得し、変数txtに順次入れる間、以下を繰り返せ

もしも「変数txtは文字列「SP」で始まる」が真なら以下を実行せよ

変数txtを表示しろ

startswithメソッドの引数には、文字列のタプルも指定できます。次のようにタプルを指定すると、タプル内のいずれかの文字列で始まるものが真となります。

```
if txt.startswith(('SP', 'EX')):
    print(txt)
```

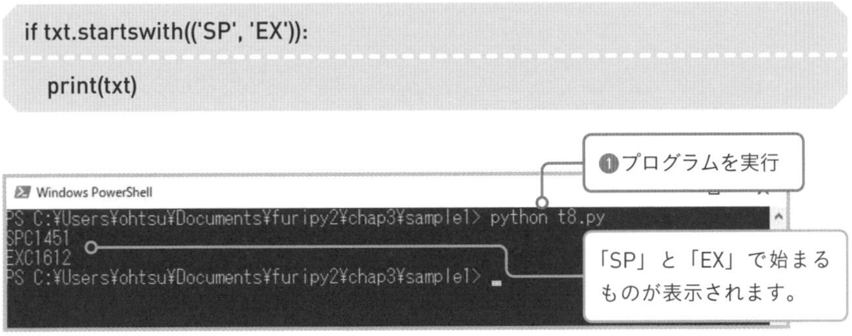

接尾辞をチェックするendswithメソッドもあるぞ。使い方はまったく同じだ

3 テキストを扱う文例 T

文例 T9

# 文字列を置換する

```
変数txt
txt strオブジェクト

変数txt 入れろ 変数txt 置換しろ 文字列「パイソン」 文字列「Python」
txt = txt.replace('パイソン', 'Python')

変数txt
txt strオブジェクト
```

### str.replaceメソッドの引数と戻り値

| | | |
|---|---|---|
| 引数old | str | 検索文字列 |
| 引数new | str | 置換文字列 |
| 引数count | int | 置換する個数を指定。省略時はすべて置換 |
| 戻り値 | str | 複製した文字列を置換して返す |

DOC https://docs.python.org/ja/3/library/stdtypes.html#str.replace

## 文字列を置換するstr.replaceメソッド

str.replaceメソッドは、strオブジェクトの中から検索文字列を探し、置換文字列に置き換えます。

t9.pyは文例T3、T5で使用したsample.txtに対して置換処理を行います。

■chap3/sample1/t9.py

```
から pathlibモジュール 取り込め Pathオブジェクト
from pathlib import Path

変数path 入れろ Path作成 文字列「sample.txt」
path = Path('sample.txt')

変数txt 入れろ 変数path テキストを読み込め 引数encodingに文字列「utf-8」
txt = path.read_text(encoding='utf-8')
```

```
変数txt 入れろ 変数txt    置換しろ       文字列「Python」      文字列「パイソン」
txt = txt.replace('Python', 'パイソン')
  表示しろ   変数txt
print(txt)
```

### 読み下し文

1 pathlibモジュールからPathオブジェクトを取り込め

2 文字列「sample.txt」を指定してPathオブジェクトを作成し、変数pathに入れろ

3 引数encodingに文字列「utf-8」を指定して変数pathからテキストを読み込み、結果を変数txtに入れろ

4 文字列「Python」と文字列「パイソン」を指定して変数txt内を置換し、結果を変数txtに入れろ

5 変数txtを表示しろ

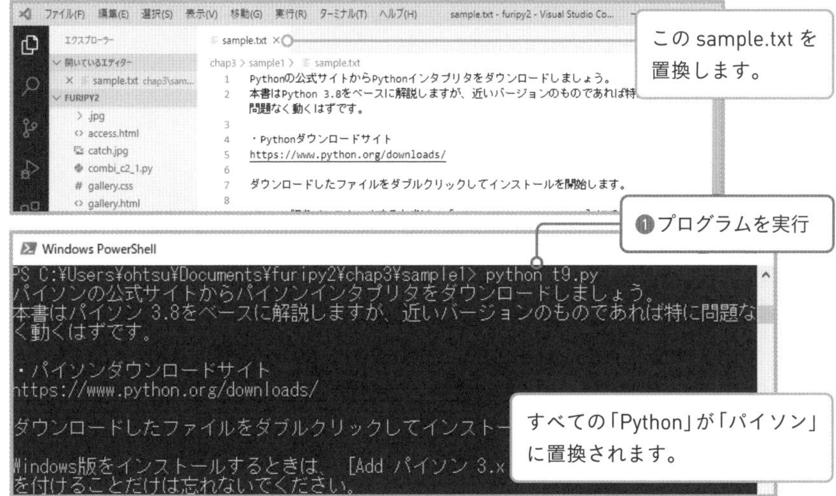


英語のままでいいところまで置換されてる気もしますが、機械のやることだから仕方ないですね

文例 T10

# ゼロで埋めて桁揃えする

```
変数txt
txt strオブジェクト
変数txt 入れろ 変数txt ゼロ埋めしろ 数値3
txt = txt.zfill(3)
変数txt
txt strオブジェクト
```

### str.zfillメソッドの引数と戻り値

| | | |
|---|---|---|
| 引数width | int | 桁数 |
| 戻り値 | str | 複製した文字列をゼロ埋めして返す |

DOC https://docs.python.org/ja/3/library/stdtypes.html#str.zfill

## ゼロ埋めを行うstr.zfillメソッド

先頭に「0」を付けて桁を揃えることを、ゼロ埋めやゼロパディングといいます。文字列用のメソッドなので、数値をゼロ埋めしたい場合は文字列に変換してから行ってください。

■chap3/sample1/t10.py

```
変数lst 入れろ 文字列「192」 文字列「168」 文字列「1」 文字列「24」
lst = ['192', '168', '1', '24']
……の間 変数txt 内 変数lst 以下を繰り返せ
for␣txt␣in␣lst:
    変数txt 入れろ 変数txt ゼロ埋めしろ 数値3
4字下げ txt = txt.zfill(3)
    表示しろ 変数txt
4字下げ print(txt)
```

読み下し文

リスト［文字列「192」,文字列「168」,文字列「1」,文字列「24」］を変数lstに入れろ

変数lst内の要素を取得し、変数txtに順次入れる間、以下を繰り返せ

　数値3を指定して変数txtをゼロ埋めし、変数txtに入れろ

　変数txtを表示しろ

このゼロで埋めるのってExcelでもよくやりますよね

テキストで結果を表示するときは桁揃えが重要だよね。でも、この数はインターネットのIPアドレスだから、フォーマット文字列を使って表示したほうがいいかも

次の例では、フォーマット文字列を使って「3桁.3桁.3桁.3桁」の形式で表示しています。フォーマット文字列についてはP.39でも軽く解説しましたが、文字列の中に変数を差し込むことができます。このとき「{変数名:0桁数}」と書くとゼロ埋めすることができます。

```
lst = [192, 168, 1, 24]
print(f'{lst[0]:03}.{lst[1]:03}.{lst[2]:03}.{lst[3]:03}')
```

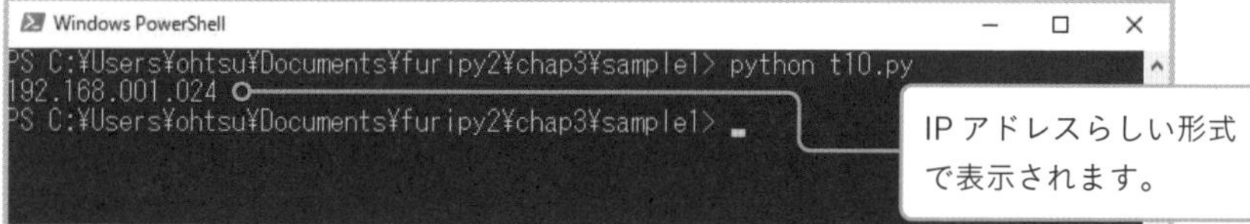


なお、フォーマット文字列でゼロ埋めする場合、変数に入っているデータは数値でなければいけません。

文例 T11

# 正規表現を使ってパターンマッチする

変数txt

```
txt
```
strオブジェクト

もしも / re / マッチする / raw文字列「\d{3}-\d{4}」 / 変数txt / 真なら以下を……

```
if re.match(r'\d{3}-\d{4}', txt):
```

4字下げ / 変数txt

```
    txt
```
strオブジェクト

### インポート文

```
import re
```

### re.match関数の引数と戻り値

| | | |
|---|---|---|
| 引数pattern | str | 正規表現のパターン |
| 引数string | str | 検査対象の文字列 |
| 戻り値 | Match | マッチした場合はMatchオブジェクトを返す。マッチしない場合はNoneを返す |

DOC https://docs.python.org/ja/3/library/re.html#re.match

## re.match関数を正規表現パターンとマッチする

re.match関数は、文字列が正規表現のパターンにマッチしているかを調べます。マッチした場合はMatchオブジェクトを返します。これはTrueとして扱われるため、if文の条件式に使用できます。また、正規表現パターンを書くときは、「\」をエスケープ文字と見なさないraw文字列（クォートの前にrを付ける）を使用します。

t11.pyは文字列が郵便番号のパターンにマッチするかを調べる例です。正規表現パターンの「\d」は0～9の数字を意味し、「\d{3}」は数字3個、「\d{4}」は数字4個を意味します。つまりこのパターンは、「数字3個-数字4個」とマッチします。

■chap3/sample1/t11.py

```
    取り込め reモジュール
import␣re

変数txt 入れろ 文字列「120-0021」
txt = '120-0021'

もしも re マッチする raw文字列「\d{3}-\d{4}」 変数txt 真なら以下を実行せよ
if␣re.match(r'\d{3}-\d{4}', txt):

          表示しろ フォーマット文字列「{txt}は郵便番号だ」
[4字下げ]␣␣␣␣print(f'{txt}は郵便番号だ')

そうでなければ以下を実行せよ
else:

          表示しろ フォーマット文字列「{txt}は郵便番号ではない」
[4字下げ]␣␣␣␣print(f'{txt}は郵便番号ではない')
```

読み下し文

1 reモジュールを取り込め

2 文字列「120-0021」を変数txtに入れろ

3 もしも「raw文字列「\d{3}-\d{4}」と変数txtがマッチする」が真なら以下を実行せよ

4 　フォーマット文字列「{txt}は郵便番号だ」を表示しろ

5 そうでなければ以下を実行せよ

6 　フォーマット文字列「{txt}は郵便番号ではない」を表示しろ

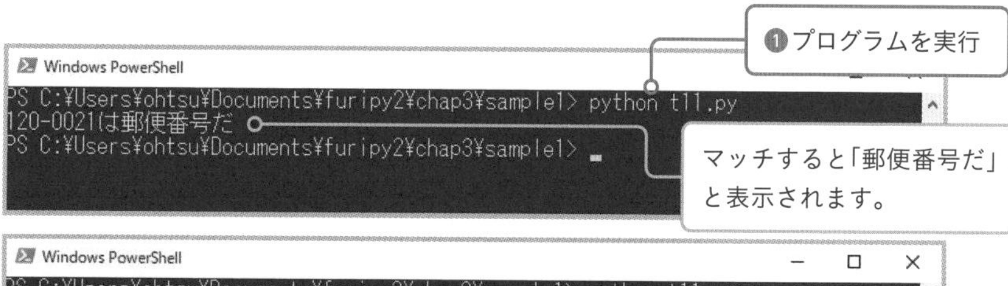

# パターンに一致するものをすべて見つける

変数txt

```
txt
```
strオブジェクト

変数lst 入れろ　re　すべて検索しろ　raw文字列「\d{3}-\d{4}」　変数txt

```
lst = re.findall(r'\d{3}-\d{4}', txt)
```

変数lst　変数txt

```
lst
```
listオブジェクト

```
txt
```
strオブジェクト

### インポート文

```
import re
```

### re.findall関数の引数と戻り値

| | | |
|---|---|---|
| 引数pattern | str | 正規表現のパターン |
| 引数string | str | 検査対象の文字列 |
| 戻り値 | list | マッチした文字列のリストを返す |

DOC https://docs.python.org/ja/3/library/re.html#re.findall

## パターンに一致するものをリストで返すre.findall関数

re.findall関数の引数はre.match関数と同じですが、戻り値はリストです。文字列の中からパターンに合うものをすべて抽出したいときに役立ちます。

■chap3/sample1/t12.py

取り込め　reモジュール

```
import␣re
```

変数txt 入れろ　文字列「郵便番号は120-0021と201-0105」

```
txt = '郵便番号は120-0021と201-0105'
```

変数lst 入れろ　re　すべて見つけろ　raw文字列「\d{3}-\d{4}」　変数txt

```
lst = re.findall(r'\d{3}-\d{4}', txt)
```

表示しろ　変数lst

```
print(lst)
```

読み下し文

1 reモジュールを取り込め

2 文字列「郵便番号は120-0021と201-0105」を変数txtに入れろ

3 raw文字列「\d{3}-\d{4}」と変数txtを指定してすべて検索して、結果を変数lstに入れろ

4 変数lstを表示しろ

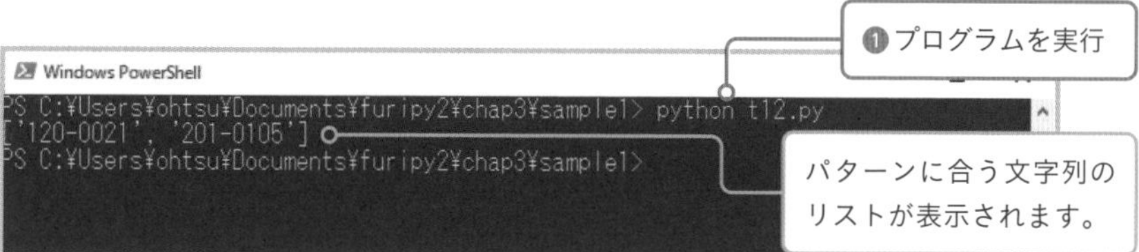


findall関数は結果の文字列しか返しません。見つかった位置などの情報も必要な場合は、finditer関数を使います。名前からわかるように戻り値がiterable（反復可能）なので、for文で繰り返し処理できます。

次の例を実行すると、変数mtcにMatchオブジェクトが入ります。Matchオブジェクトのメソッドを使って情報を取り出します。

```
for mtc in re.finditer(r'\d{3}-\d{4}', txt):
    print(mtc.start())    見つかった文字列の開始位置
    print(mtc.end())      見つかった文字列の終了位置
    print(mtc.group())    見つかった文字列
```

## 文例 T13 正規表現を使って置換する

```
変数txt
txt strオブジェクト

変数txt 入れろ re 置換しろ raw文字列「(\d{3}-\d{4})」
txt = re.sub(r'(\d{3}-\d{4})',
                        raw文字列「『\1』」 変数txt
                        r'『\1』', txt)

変数txt
txt strオブジェクト
```

### インポート文

```
import re
```

### re.sub関数の引数と戻り値

| | | |
|---|---|---|
| 引数pattern | str | 正規表現の検索パターン |
| 引数repl | strまたは関数 | 置換パターン。置換処理用の関数を渡すこともできる |
| 引数string | str | 検査対象の文字列 |
| 引数count | int | 置換する数を指定。省略時はすべて置換 |
| 戻り値 | str | 置換後の文字列を返す |

DOC https://docs.python.org/ja/3/library/re.html#re.sub

## 単なる置換を超えたテキスト処理ができるre.sub関数

re.subは正規表現版の置換関数ですが、文例T9のstr.replaceメソッドより複雑な処理ができます。パターンに一致する文字列から一部をグループとして抜き出し、順番を入れ替えるような処理ができるのです。

グループ機能を利用するには、検索パターンでグループにしたい部分を丸カッコで囲みます。そして、置換パターンの引数replでは「\1」が1つ目のグループを表します。次の図では、郵便番号を表す正規表現全体をカッコで囲んで1つのグループにしています。そして、引数replは「『\1』」としています。その結果、郵便番号が『』で囲まれます。

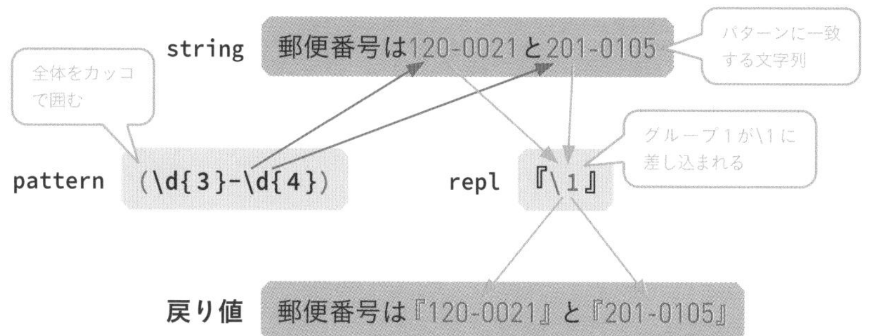


次の図では、3桁の数字と4桁の数字をそれぞれカッコで囲み、2つのグループとしています。これらは「\1」と「\2」で表せるため、それを引数repl内に書けば、順番を入れ替えたり、間にある記号を変えたりすることができます。

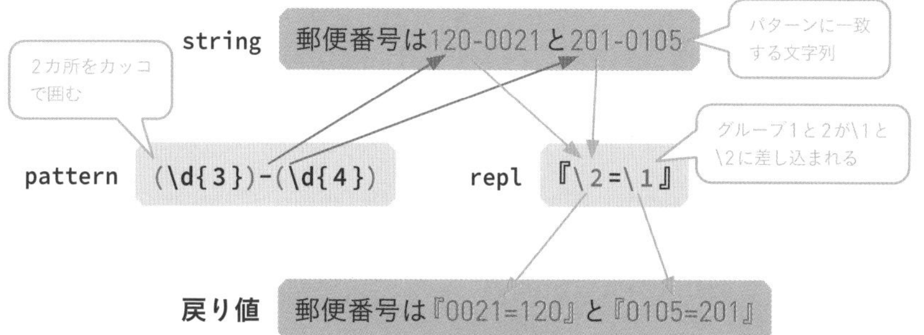

これすごいですね。置換ってレベルじゃないですよ！

この処理を正規表現を使わないプログラムでやろうとしたらとんでもなく複雑になる。正規表現のおかげでsub関数を呼び出すだけで済むんだ

正規表現って、自分に関係ない意味不明の記号だと思って、正直ナメてました。ちゃんと覚えようかな

正規表現はPythonから少し外れる話なので、本書ではこれ以上解説しませんが、Pythonの公式ドキュメントに詳しい解説があります。また、「正規表現 メールアドレス」などのキーワードでWeb検索すると、誰かが考えてくれた正規表現パターンを見ることもできますし、ブラウザ上でパターンを編集・確認できる正規表現チェッカーなどもあります。

- **正規表現 HOWTO（Pythonドキュメント）**
  https://docs.python.org/ja/3/howto/regex.html

Python » Japanese 3.8.2 ドキュメント » Python HOWTO »　クイック検索 検索 | 前へ | 次へ | モジュール | 索引

目次
- 正規表現 HOWTO
  - はじめに
  - 単純なパターン
    - 文字のマッチング
    - 繰り返し
  - 正規表現を使う
    - 正規表現をコンパイルする
    - バックスラッシュ感染症
    - マッチの実行
    - モジュールレベルの関数
    - コンパイルフラグ
  - パターンの能力をさらに
    - さらなる特殊文字
    - グルーピング
    - 取り出さないグループと名前つきグループ
    - 先読みアサーション (Lookahead Assertions)
  - 文字列を変更する
    - 文字列の分割
    - 検索と置換
  - よくある問題
    - 文字列メソッドを利用する
    - match() 対 search()
    - 貪欲 (greedy) 対非貪欲 (non-greedy)

正規表現 HOWTO

著者: A.M. Kuchling <amk@amk.ca>

概要

このドキュメントは re モジュールを使って Python で正規表現を扱うための導入のチュートリアルです。ライブラリレファレンスの正規表現の節よりもやさしい入門ドキュメントを用意しています。

はじめに

正規表現 regular expressions (REs や regexes または regex patterns と呼ばれます) は本質的に小さく、Python 内部に埋め込まれた高度に特化したプログラミング言語で re モジュールから利用可能です。この小さな言語を利用することで、マッチさせたい文字列に適合するような文字列の集合を指定することができます; この集合は英文や e-mail アドレスや TeX コマンドなど、どんなものでも構いません。「この文字列は指定したパターンにマッチしますか?」「このパターンはこの文字列のどの部分にマッチするのですか?」といったことを問い合わせることができます。正規表現を使って文字列を変更したりいろいろな方法で別々の部分に分割したりすることもできます。

正規表現パターンは一連のバイトコードとしてコンパイルされ、C で書かれたマッチングエンジンによって実行されます。より進んだ利用法では、エンジンがどう与えられた正規表現を実行するかに注意することが必要になり、高速に実行できるバイトコードを生成するように正規表現を書くことになります。このドキュメントでは最適化までは扱いません、それにはマッチングエンジンの内部に対する十分な理解が必要だからです。

正規表現言語は相対的に小さく、制限されています、そのため正規表現を使ってあらゆる文字列処理作業を行なえるわけではありません。

## re.sub関数の利用例

t13.pyはre.sub関数を使って郵便番号を『』で囲んでいます。正規表現のパターンは前ページの図で示したものです。

■chap3/sample1/t13.py

取り込め　reモジュール

```
import re
```

```
変数txt 入れろ            文字列「郵便番号は120-0021と201-0105」
txt = '郵便番号は120-0021と201-0105'
変数txt 入れろ re 置換しろ    raw文字列「(\d{3}-\d{4})」
txt = re.sub(r'(\d{3}-\d{4})',
                      raw文字列「『\1』」  変数txt
                      r'『\1』', txt)
 表示しろ  変数txt
print(txt)
```

読み下し文

1 reモジュールを取り込め

2 文字列「郵便番号は120-0021と201-0105」を変数txtに入れろ

3 raw文字列「\d{3}-\d{4}」とraw文字列「『\1』」を指定して置換し、結果を変数
4 txtに入れろ

5 変数txtを表示しろ

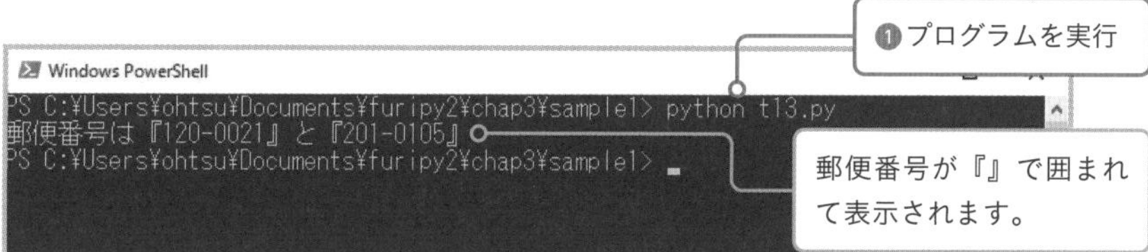


次の例は、グループを2つ作って順番を入れ替える場合のパターンです。

```
txt = re.sub(r'(\d{3})-(\d{4})',
        r'『\2=\1』', txt)
```

Windows PowerShell
PS C:¥Users¥ohtsu¥Documents¥furipy2¥chap3¥sample1> python t
郵便番号は『0021=120』と『0105=201』
PS C:¥Users¥ohtsu¥Documents¥furipy2¥chap3¥sample1>

3桁と4桁の数字の順番が入れ替わり、間の記号が「=」になっています。

3 テキストを扱う 文例 T

合体

F1 + F3 + F4 + F13 + T9

# フォルダ内のテキストファイルをすべて置換処理して保存する

最初の合体文例は、フォルダ内のテキストファイルを開いて、何か処理をしてから保存するというものだ

あれ？　この例、前にやりませんでしたっけ？

Chapter 1で見せた例に似てるね。でも、今回は置換結果の保存までやるんだ

## どんなプログラム？

フォルダ内のテキストファイルを開き、置換処理を行ってから、[result] フォルダに保存します。

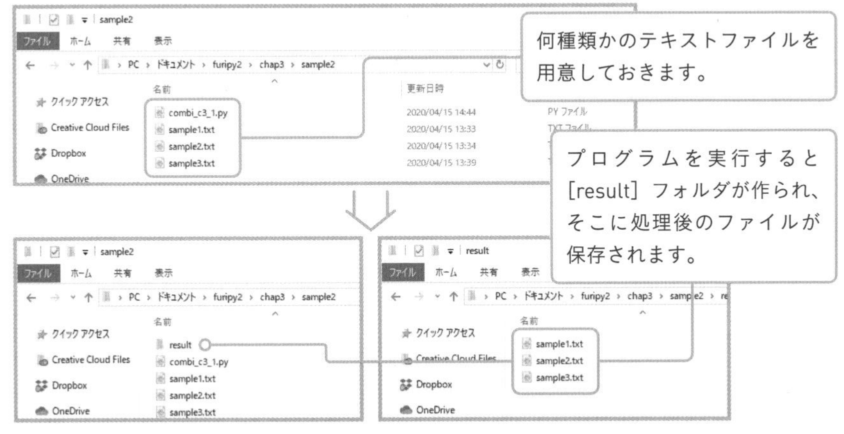


元のテキストファイルと処理後のテキストファイルを比べると、「Python」という文字がカタカナに変換されています。

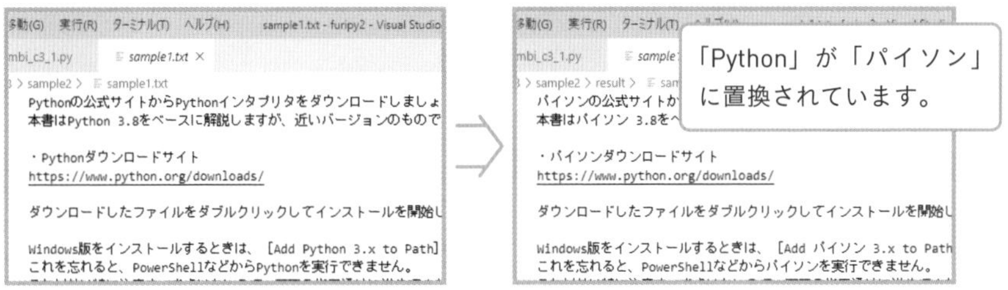


次の5つの文例を合体して作ります。ほとんどファイルの文例です。

- **F1：フォルダ内のファイルを繰り返し処理する**
- **F3：テキストファイルを読み込む**
- **F4：テキストファイルに書き込む**
- **F13：フォルダを作成する**
- **T9：文字列を置換する**

前半ではPathオブジェクトを用意します。現在のフォルダのパスを変数currentに、処理後のファイルを入れる［result］フォルダのパスを変数targetに入れ、［result］フォルダを作成します。

■chap3/sample2/combi_c3_1.py（前半）

```
 から   pathlibモジュール   取り込め   Pathオブジェクト
from␣pathlib␣import␣Path
 変数current   入れろ   Path作成
current = Path()
 変数target   入れろ   Path作成   文字列「result」
target = Path('result')
 変数target   フォルダ作成   引数exist_okにブール値True
target.mkdir(exist_ok=True)
```

**読み下し文**

1 pathlibモジュールからPathオブジェクトを取り込め

2 Pathオブジェクトを作成し、変数currentに入れろ

3 文字列「result」を指定してPathオブジェクトを作成し、変数targetに入れろ

4 引数exist_okにブール値Trueを指定して、変数targetフォルダを作成しろ

現在のフォルダ内のすべてのテキストファイルを開いて、中の文字列を読み込みます。文例F1と文例F3の合わせ技です。

読み込んだ文字列に対し、文例T9の置換処理を行います。検索文字列を「Python」、置換文字列を「パイソン」としています。

■chap3/sample2/combi_c3_1.py（中盤）

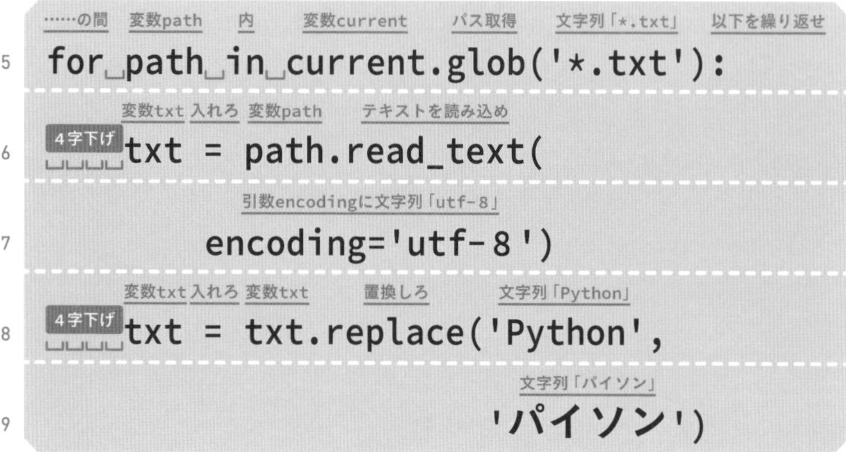


読み下し文

5 文字列「*.txt」を指定して変数current内のパスを取得し、変数pathに順次入れる間、以下を繰り返せ

6 7 引数encodingに文字列「utf-8」を指定して変数pathからテキストを読み込み、結果を変数txtに入れろ

8 9 文字列「Python」と文字列「パイソン」を指定して変数txt内を置換し、結果を変数txtに入れろ

最後に結果をファイルに書き込みます。ここはほぼ文例F4のままですが、1つだけ異なる点があります。[result] フォルダに書き込むために、「/（スラッシュ）」を使ったパスの連結を行っている点です（P.72参照）。これがないと元のファイルを上書きしてしまうので注意してください。

■chap3/sample2/combi_c3_1.py（後半）

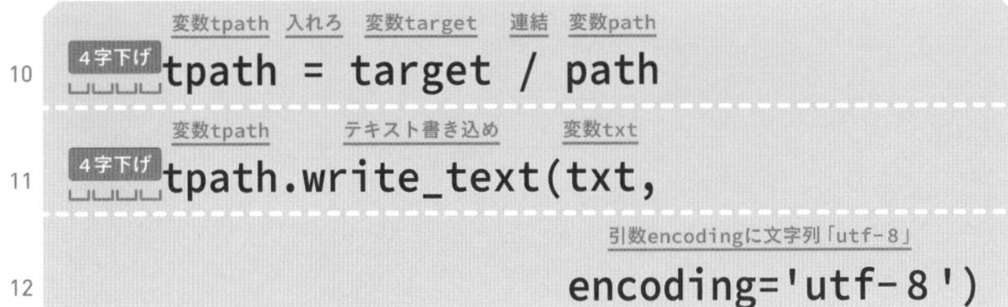


読み下し文

10 変数targetと変数pathを連結した結果を変数tpathに入れろ

11 変数txtと引数encodingに文字列「utf-8」を指定して、変数tpathにテキスト
12 を書き込め

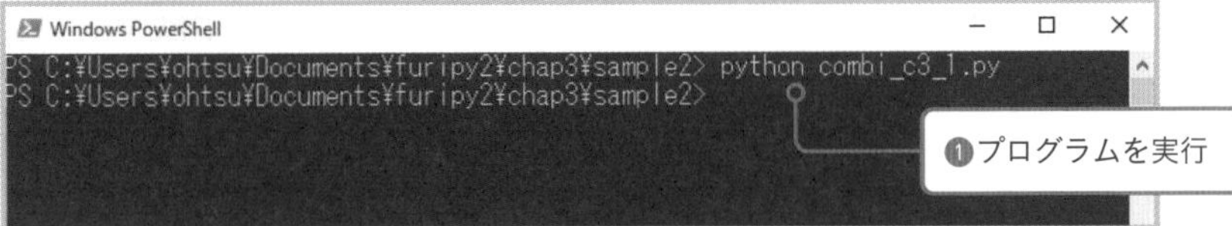

そっか、保存先を変えないと上書きしちゃうんですね。これは気を付けないと

前も似た注意をしたけど、プログラムを間違えたまま全ファイルを処理すると取り返しがつかない。だから、なるべく別フォルダなどに保存したほうがいい

ちなみに、現在のフォルダの外にフォルダを作って保存したいときはどうしたらいいですか？

ファイルパスでは「../（ピリオド2つとスラッシュ）」が1つ上の階層を表すから、「target = Path('../result')」とすればいいよ

合体

F3 + T4 + T5 + T9

# 置換リストを使ってまとめて置換する

次は検索文字列と置換文字列を並べた置換リストを作って、複数の単語をまとめて置換する例だ

置換リストはCSVファイルなんですね。年賀状ソフトの宛名データとかでも使うカンマ区切りファイルですよね

CSVファイルはあとで説明するpandasで処理したほうが簡単なんだけど、今回は文字列のメソッドで処理するぞ

## どんなプログラム？

「replace.csv」というファイルの中に検索文字列と置換文字列の組み合わせを書き、それを使って変数に入れた文字列を置換します。

今度はテキストファイルの文章を読み込んで置換するんじゃないんですね？

うん、文例が長くてわかりにくくなるから、今回は結果を表示するだけにしたんだ

次の4つの文例を合体して作ります。

- **F3：テキストファイルを読み込む**
- **T4：文字列を区切り文字で分割したリストにする**
- **T5：文字列を行ごとに分割したリストにする**
- **T9：文字列を置換する**

プログラムの前半では、置換したい文字列を変数txtに入れ、置換リストのreplist.csvを読み込んでその内容を変数csvtxtに入れます。これまでファイルを開く文例F3では読み込んだものを変数txtに入れていましたが、今回はすでに変数txtを別の目的で使用しているため、変更しました。

■chap3/sample3/combi_c3_2.py（前半）

```
から pathlibモジュール 取り込め Pathオブジェクト
from␣pathlib␣import␣Path

変数txt 入れろ 文字列「Windows版PythonをPowerShell実行」
txt = 'Windows版PythonをPowerShell実行'

変数path 入れろ Path作成 文字列「replist.csv」
path = Path('replist.csv')

変数csvtxt 入れろ 変数path テキストを読み込め 引数encodingに文字列「utf-8」
csvtxt = path.read_text(encoding='utf-8')
```

読み下し文

1 pathlibモジュールからPathオブジェクトを取り込め

2 文字列「Windows版PythonをPowerShell実行」を変数txtに入れろ

3 文字列「replist.csv」を指定してPathオブジェクトを作成し、変数pathに入れろ

4 引数encodingに文字列「utf-8」を指定して変数pathからテキストを読み込み、結果を変数csvtxtに入れろ

後半では置換処理を行っていきます。変数csvtxt内の文字列を文例T5のsplitlinesメソッドで行分割し、さらに文例T4のsplitメソッドを使って「,（カンマ）」で分割します。文例T4では分割した結果を変数lstに入れていましたが、変数lstはすでに別の目的で使用しているため、変数wordsとしました。それらを検索文字列と置換文字列にして置換処理を行います。

■chap3/sample3/combi_c3_2.py（後半）

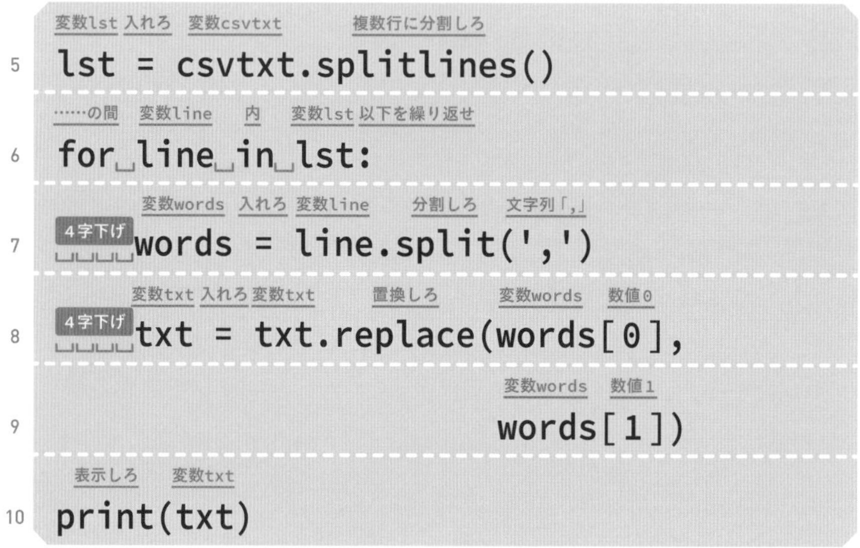


```
lst = csvtxt.splitlines()
for line in lst:
    words = line.split(',')
    txt = txt.replace(words[0],
                      words[1])
print(txt)
```

読み下し文

変数csvtxtを複数行に分割し、結果を変数lstに入れろ

変数lst内の要素を取得し、変数lineに順次入れる間、以下を繰り返せ

　文字列「,」を指定して変数lineを分割し、結果を変数wordsに入れろ

　変数wordsの要素0と変数wordsの要素1を指定して変数txtを置換し、結果を変数txtに入れろ

変数txtを表示しろ

実行すると、「Windows版PythonをPowerShell実行」が「ウィンドウズ版パイソンをパワーシェル実行」に置換されます。

つまり、こういうことだよ

変数csvtxt内の文字列は、splitlinesメソッドによって行ごとの文字列のリストになります。for文の繰り返し処理によってリストから文字列を1つずつ抜き出し、それをsplitメソッドで分割して、今度は単語ごとのリストにします。あとはそれらを使って置換するだけです。

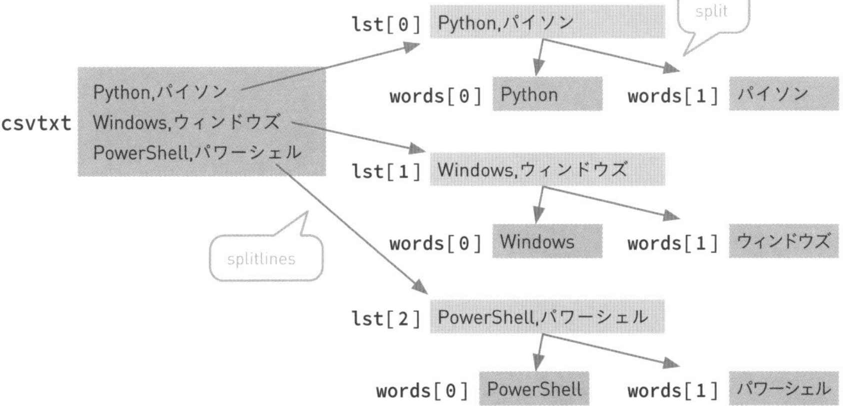


なるほど、図で見るとそこまで難しくないですね

でしょ。1つ前のcombi_c3_1.pyと組み合わせて、フォルダ内の複数ファイルが置換できるよう改造してみよう

combi_c3_1.pyと組み合わせる場合、ファイル処理の繰り返しと置換の繰り返し処理が入れ子になった多重ループ構造になります（chap3/sample3b/combi_c3_2ex.pyとしてサンプルファイルに収録）。

合体

F1 + F7 + F8 + F9 + F11 + F13 + T2

# ファイルを拡張子ごとに整理する処理をパワーアップする

ファイルを拡張子別に分類する処理を、ファイルの合体文例でやったでしょう。あれをパワーアップしてみよう

フォルダ名から「.」を取るんですか？

それに加えて拡張子を小文字で統一するぞ

## どんなプログラム？

Chapter 2のcombi_c2_1.pyに文字列用のメソッドを組み合わせ、拡張子ごとのフォルダを作ってファイルをコピーし、拡張子を小文字で統一します。

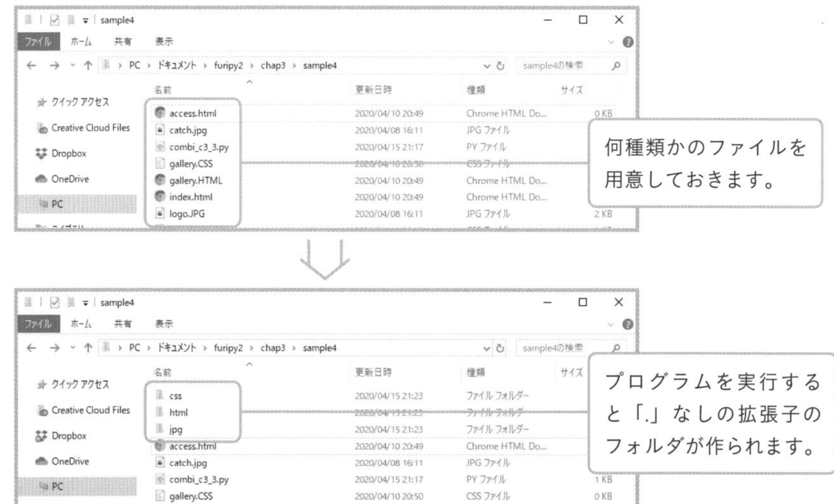

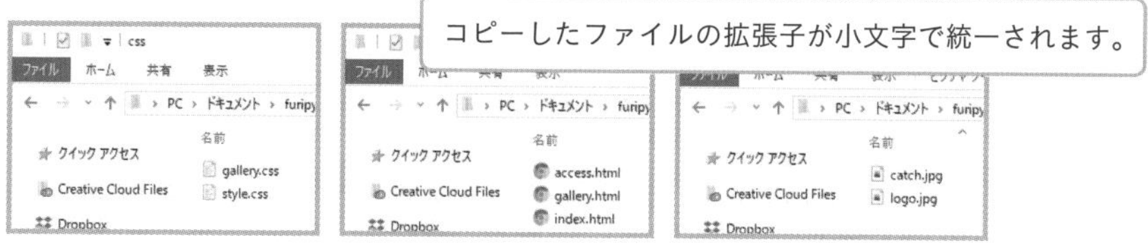


次の7つの文例を合体して作ります。

- **F1：フォルダ内のファイルを繰り返し処理する**
- **F7：ファイル名をパターンマッチする**
- **F8：ファイル名や拡張子を取り出す**
- **F9：ファイルやフォルダの名前を変更する**
- **F11：ファイルやフォルダをコピーする**
- **F13：フォルダを作成する**
- **T2：アルファベットの大文字／小文字を変換する**

すべてのファイルを繰り返し処理して、拡張子（接尾辞）を取り出すところまでは、combi_c2_1.pyと同じです。

■chap3/sample4/combi_c3_3.py（前半）

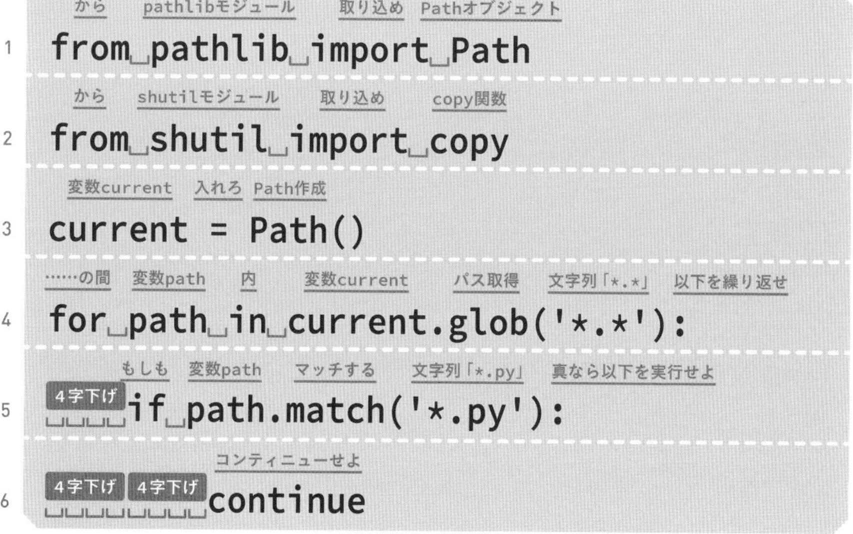

```
from pathlib import Path
from shutil import copy
current = Path()
for path in current.glob('*.*'):
    if path.match('*.py'):
        continue
```



**読み下し文**

1 pathlibモジュール**から**Pathオブジェクト**を取り込め**

2 shutilモジュールからcopy関数を取り込め

3 Pathオブジェクトを作成し、変数currentに入れろ

4 文字列「*.*」を指定して変数current内のパスを取得し、変数pathに順次入れる間、以下を繰り返せ

5 　もしも「変数pathが文字列「*.py」にマッチする」が真なら以下を実行せよ

6 　　コンティニューせよ

拡張子名のフォルダを作る前に、文例T2のstr.lowerメソッドで小文字化し、スライスで1文字目以降を取り出します。スライスはシーケンス演算の一種で、文字列やリストの一部を抜き出すことができます（P.116参照）。

■chap3/sample4/combi_c3_3.py（中盤）

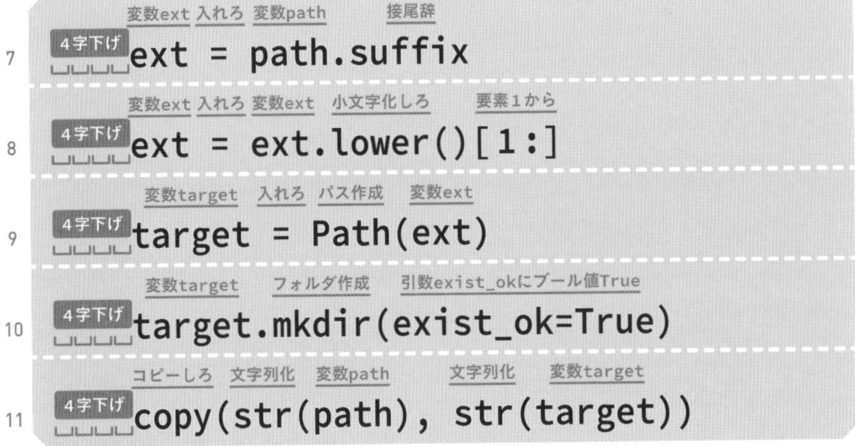


読み下し文

7 　変数pathの接尾辞を変数extに入れろ

8 　変数extを小文字化して要素1以降をスライスし、変数extに入れろ

9 　変数extを指定してPathオブジェクトを作成し、変数targetに入れろ

10 　引数exist_okにブール値Trueを指定して、変数targetフォルダを作成しろ

11 文字列化した変数pathと文字列化した変数targetを指定してコピーしろ

最後に拡張子を小文字で統一する処理を行います。拡張子の変更には文例F9のPath.renameメソッドを使いますが、注意が必要なのはコピー後のファイルをリネームしなければいけないという点です。

そのために、まずコピー先フォルダを表す変数targetと、現在のファイル名の変数pathを「/」で連結して（P.72参照）、コピー後のファイルを表すパスを作成し、変数tpathに入れます。

次にリネーム用のパスを作ります。変数pathから取り出したファイル名（語幹）と「.」と変数extに入れた小文字化後の拡張子を連結し、それを引数にしてPathオブジェクトを作って変数targetと連結し、変数npathに入れます。

こうして用意した2つのパスを使ってリネームします。

■chap3/sample4/combi_c3_3.py（後半）

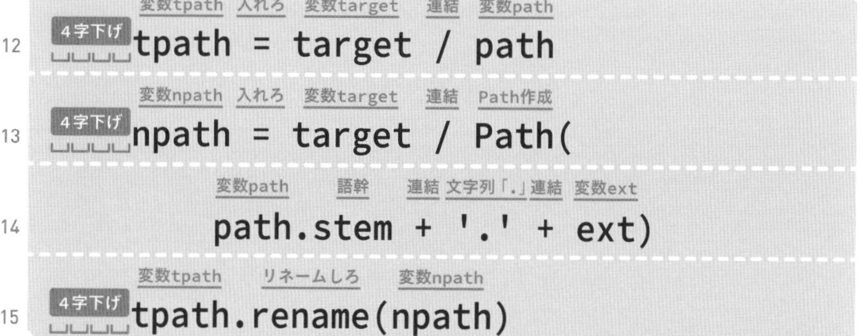


**読み下し文**

12 変数targetと変数pathを連結した結果を変数tpathに入れろ

13 変数pathの語幹と文字列「.」と変数extを連結した結果を指定してPathオブジ
14 ェクトを作成し、変数targetと連結した結果を変数npathに入れろ

15 変数tpathを変数npathにリネームしろ

結構長くなっちゃったけど、やってることはただのファイル名変更。落ち着いて読めば大丈夫だよ

### シーケンス演算とは

Chapter 3の冒頭でも説明したように、文字列、リスト、タプル、rangeをまとめてシーケンス型と呼び、次の表に示すシーケンス演算を行うことができます。表内のsとtはシーケンス型、xは要素の値、nやi、j、kは整数値を表します。

| 演算 | 働き |
|---|---|
| x in s | sの中にxが含まれていればTrue、そうでなければFalseを返す |
| x not in s | sの中にxが含まれていなければTrue、そうでなければFalseを返す |
| s + t | 2つのシーケンス型を結合したシーケンス型を返す |
| s * n | s自身をn回足す |
| s[i] | sの0から数えてi番目の要素を返す |
| s[i:j] | sのi〜jまでの要素を抜き出して返す（スライス） |
| s[i:j:k] | sのi〜jまでの要素を、kごとに抜き出して返す（スライス） |
| len(s) | sの長さを返す |
| min(s) | sの最小の要素を返す |
| max(s) | sの最大の要素を返す |
| s.index(x) | sの中に最初に出現するxのインデックスを返す。index(x, i, j)の形で検索範囲を指定できる |
| s.count(x) | s中にxが出現する回数を返す |

この表を見るとlen関数やcountメソッドは、シーケンス演算だということがわかります。また、+演算子を使った文字列の演算もそうです。
P.114の合体文例で使用したスライスも、シーケンス型の一部を抜き出すためによく使われます。

text = 'あいうえお'

text[2:4] — 2番目から3番目までを抜き出すので「うえ」

text[1:] — 1番目から最後までを抜き出すので「いうえお」

text[::2] — 0番目から最後まで2つごとに抜き出すので「あうお」

- **共通のシーケンス演算（Pythonドキュメント）**
  https://docs.python.org/ja/3/library/stdtypes.html#common-sequence-operations

Chapter 

# リストを扱う文例

L

NO 01

# リストに対して行える処理

今回はリストの文例を紹介しよう。リストはlistオブジェクトで、シーケンス型のコレクション型だ

ん？　結局コレクションとシーケンスのどっちですか？

## 複数のデータをまとめるさまざまな型

これまでも何度か登場していますが、Pythonでは、複数のデータをまとめる型を**コレクション型またはコンテナ型**と呼び、その中で順序を持つものを**シーケンス型**と呼びます。主なコレクション型は次の表のとおりです。この他に、collectionsモジュールに特殊なコレクション型が用意されています。

| 型 | オブジェクト名 | 性質 |
|---|---|---|
| 文字列 | str | 変更不可なシーケンス型。文字を取り扱う |
| リスト | list | 変更可能なシーケンス型 |
| タプル | tuple | 変更不可なシーケンス型 |
| range | range | 変更不可なシーケンス型。連続した数を取り扱う |
| 辞書 | dict | 変更可能なコレクション型。キーと値のセットで記憶する。マッピング型とも呼ぶ |
| 集合 | set | 変更可能なコレクション型。集合演算を行える |

シーケンス型のうち、文字列は文字のみ、rangeは数のみと用途が決まっていますが、それ以外のデータを利用したいときはリストかタプルを使います。リストとタプルの違いは、**要素を変更可能（mutable：ミュータブル）か変更不可能（immutable：イミュータブル）か**です。それ以外は共通点が多いため、この章で紹介するリスト用のメソッドのほとんどはタプルでも使えます。

| | |
|---|---|
| lst = ['a', 'b', 'c'] | リストを作成 |
| lst[0] = 'd' | リストは作成後に変更できる |
| tpl = ('a', 'b', 'c') | タプルを作成 |
| print(tpl[0]) | タプルは変更はできず参照のみ |

- **リスト型（list）**
  https://docs.python.org/ja/3/library/stdtypes.html#lists

リスト型 (list)

リストはミュータブルなシーケンスで、一般的に同種の項目の集まりを格納するために使われます (厳密な類似の度合いはアプリケーションによって異なる場合があります)。

*class* list([*iterable*])
リストの構成にはいくつかの方法があります:

- 角括弧の対を使い、空のリストを表す: []
- 角括弧を使い、項目をカンマで区切る: [a]、[a, b, c]
- リスト内包表記を使う: [x for x in iterable]
- 型コンストラクタを使う: list() または list(iterable)

コンストラクタは、 *iterable* の項目と同じ項目で同じ順のリストを構築します。 *iterable* は、シーケンス、イテレートをサポートするコンテナ、またはイテレータオブジェクトです。 *iterable* が既にリストなら、iterable[:] と同様にコピーが作られて返されます。例えば、 list('abc') は ['a', 'b', 'c'] を、 list( (1, 2, 3) ) は [1, 2, 3] を返します。引数が与えられなければ、このコンストラクタは新しい空のリスト [] を作成します。

リストを作る方法は、他にも組み込み関数 sorted() などいろいろあります。



## キーと値の組み合わせで記憶する辞書

リスト、タプルと並んでよく利用されるのが辞書（dictオブジェクト）です。キーと値のセットで記憶し、データを名前で管理したいときに使います。辞書を扱うための関数やメソッドなどもこの章でまとめて紹介します。

| | |
|---|---|
| dct = {'name': '山本', 'bill': 4000} | 辞書を作成 |
| print( data['name'] ) | 辞書から値を取り出す |

- **マッピング型 --- dict**
  https://docs.python.org/ja/3/library/stdtypes.html#mapping-types-dict

リスト、タプル、辞書はデータの自動処理には欠かせないものだから、ひと通り覚えておこう

# リストから値とインデックスを取り出す

変数lst
```
lst listオブジェクト
```

……の間　変数idx　変数item　内　列挙しろ　変数lst　以下を繰り返せ
```
for␣idx, item␣in␣enumerate(lst):
```

変数idx　変数item
```
idx 整数　item さまざまなオブジェクト
```

enumerate関数の引数と戻り値

| | | |
|---|---|---|
| 引数iterable | iterable | シーケンス型などのiterableなオブジェクト |
| 引数start | int | 開始インデックス。省略時は0 |
| 戻り値 | enumerate | 番号と値のタプルをまとめたenumerateオブジェクトを返す |

DOC https://docs.python.org/ja/3/library/functions.html#enumerate

## 連番もほしいときに使うenumerate関数

リストとfor文の基本的な組み合わせ方は「for item in lst:」ですが、これだとリスト内の要素の順番を知ることができません。要素の順番（インデックス）も必要なら、組み込み関数のenumerate（イニュームレート）を使います。

■chap4/sample1/l1.py

変数lst 入れろ　文字列「春」　文字列「夏」　文字列「秋」　文字列「冬」
```
lst = ['春', '夏', '秋', '冬']
```

……の間　変数idx　変数item　内　列挙しろ　変数lst　以下を繰り返せ
```
for␣idx, item␣in␣enumerate(lst):
```

表示しろ　変数idx　変数item
```
␣␣␣␣print(idx, item)
```
4字下げ

## 読み下し文

1 **リスト［文字列「春」,文字列「夏」,文字列「秋」,文字列「冬」］を変数lstに入れろ**

2 **変数lstを列挙して要素を取得し、変数idxと変数itemに順次入れる間、以下を繰り返せ**

3 　**変数idxと変数itemを表示しろ**

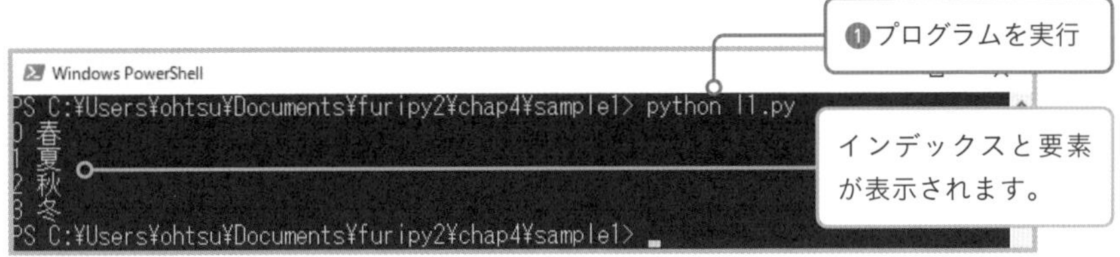


enumerate関数は、リストなどのiterable（反復可能）なオブジェクトを引数に取り、iterableなenumerateオブジェクトを返します。この中にはインデックスと値のタプルが入っています。

Pythonの対話モードでenumerate関数の戻り値を確認すると、どういう構造かがわかります。enumerateオブジェクトはそのまま表示しても内容が見えないので、list関数でリスト化して確認してみましょう。

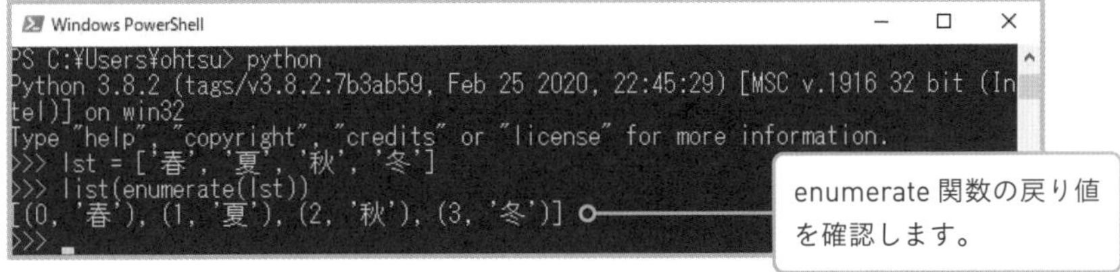

対話モードは知ってる？　pythonコマンドだけ入力すると対話モードになって、Ctrl＋Zキーで終了だよ

引数がiterableってことは、Path.globメソッドとかでも使えるんですかね？

お、鋭いね。例えば、ファイル名を連番付きで表示したいときなどに使えるよね

# リストの末尾に要素を追加する

```
変数lst
lst  listオブジェクト

変数lst    追加しろ    文字列「Python」
lst.append('Python')

変数lst
lst  listオブジェクト
```

**変更可能なシーケンス型.appendメソッドの引数**

| 引数 | ― | 追加する値 |
|---|---|---|

DOC https://docs.python.org/ja/3/library/stdtypes.html#mutable-sequence-types

## リストに要素を追加するappendメソッド

リストに要素を追加するにはappendメソッドを使います。引数の型の縛りはありません。数字でも文字列でも何でも追加できます。

■chap4/sample1/l2.py

```
変数lst 入れろ 文字列「春」 文字列「夏」 文字列「秋」 文字列「冬」
lst = ['春', '夏', '秋', '冬']

変数lst    追加しろ    文字列「年越し」
lst.append('年越し')

表示しろ 変数lst
print(lst)
```

**読み下し文**

1 **リスト** [文字列「春」,文字列「夏」,文字列「秋」,文字列「冬」] **を**変数lst**に入れろ**

2 文字列「年越し」**を**変数lst**に追加しろ**

3 変数lst**を表示しろ**

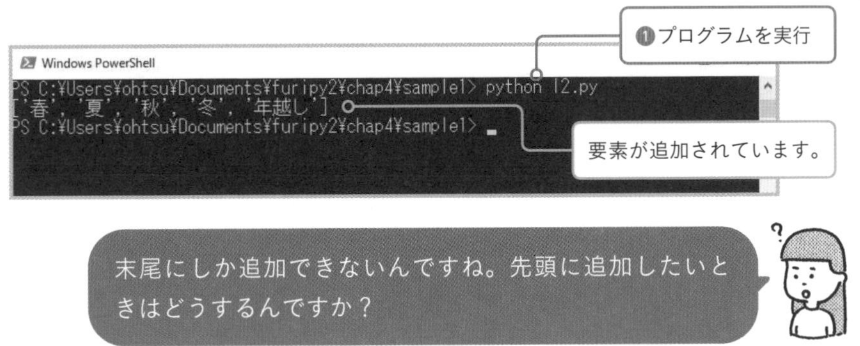


末尾にしか追加できないんですね。先頭に追加したいときはどうするんですか？

先頭に追加したいときはinsertメソッドを使い、第1引数に0を指定します。insertメソッドの第1引数は挿入位置のインデックスなので、先頭以外にも追加できます。

lst.insert(0, '年始') — リストの先頭に追加

lst.insert(2, '初夏') — 0から数えて2番目に追加

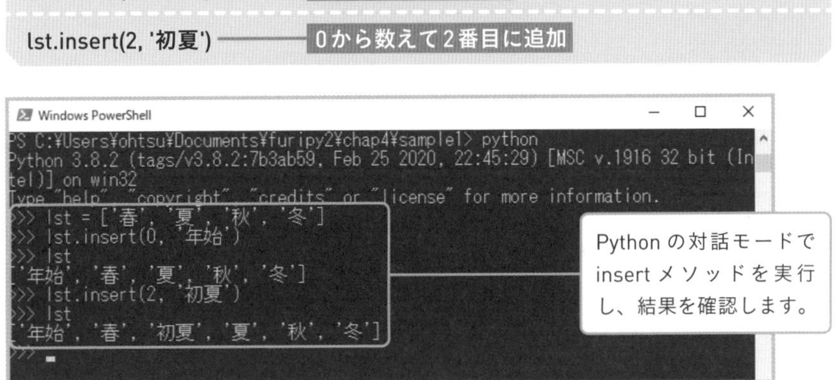


appendメソッドとinsertメソッドは、変更可能（mutable）なシーケンス型用のメソッドです。変更可能（mutable）なシーケンス型全般で使えます。

といっても、標準の変更可能（mutable）なシーケンス型はリストだけなので、変更不可（immutable）なタプルや文字列では使えないといったほうがいいかな

文例
L3

# リストから特定の値を削除する

```
変数lst
lst listオブジェクト
変数lst 取り除け 文字列「Python」
lst.remove('Python')
変数lst
lst listオブジェクト
```

**変更可能なシーケンス型.removeメソッドの引数**

| 引数 | ー | 取り除く値 |
|---|---|---|

DOC https://docs.python.org/ja/3/library/stdtypes.html#mutable-sequence-types

## リストから要素を削除するremoveメソッド

リストから要素を削除するにはremoveメソッドを使います。こちらも引数の型の縛りはありません。リスト内で引数と一致する要素を削除します。一致する要素が複数ある場合は最初に見つかったものだけ削除します。

一致する要素がない場合は、ValueErrorが発生します。

■chap4/sample1/l3.py

```
変数lst 入れろ 文字列「春」 文字列「夏」 文字列「春」 文字列「秋」 文字列「冬」
lst = ['春', '夏', '春', '秋', '冬']
変数lst 取り除け 文字列「春」
lst.remove('春')
表示しろ 変数lst
print(lst)
```

### 読み下し文

1 **リスト**[文字列「春」,文字列「夏」,文字列「春」,文字列「秋」,文字列「冬」]**を**変数lst**に入れろ**

2 文字列「春」**を**変数lst**から取り除け**

3 変数lst**を表示しろ**

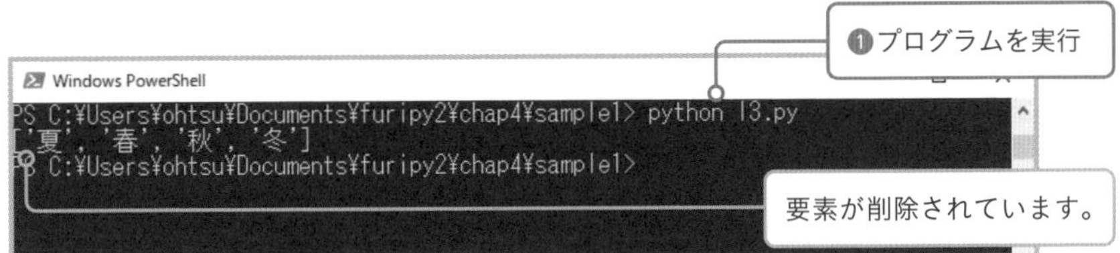

先頭の「春」が取り除かれて、「夏」と「春」が逆になっちゃいましたね

うん。取り除く位置を指定したいときは、popメソッドかdel文を使うんだ

リストから要素を削除するためのメソッドには、今回のremoveメソッドや、文例L4のpopメソッド、その他にdel文があります。

del文は、「del lst[0]」のように指定して要素を削除します。スライスと組み合わせて「del lst[1:3]」のように指定すると複数の要素を削除できます。

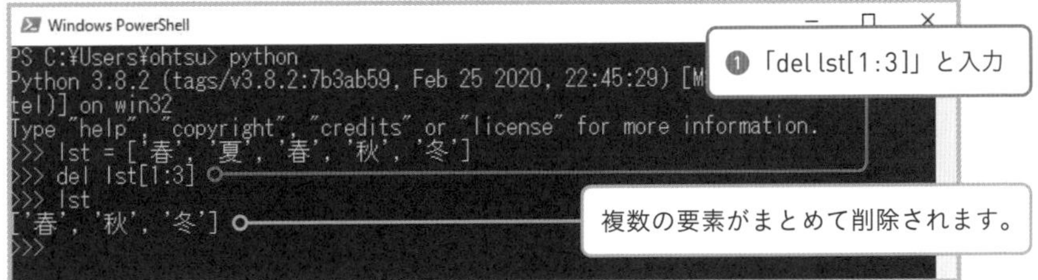

文例 L4

# リストの指定した位置の要素を削除する

```
変数lst
lst listオブジェクト

変数item 入れろ 変数lst 取り出せ 数値2
item = lst.pop(2)

変数item                    変数lst
item さまざまなオブジェクト lst listオブジェクト
```

**変更可能なシーケンス型.popメソッドの引数と戻り値**

| | | |
|---|---|---|
| 引数i | 整数 | 取り出したい要素のインデックス。省略時は末尾 |
| 戻り値 | ー | 取り出した要素を返す |

DOC https://docs.python.org/ja/3/library/stdtypes.html#mutable-sequence-types

## 指定した位置か末尾から要素を取り出すpopメソッド

popメソッドは引数を指定した場合は、それが示すインデックスの要素を取り出し、戻り値として取り出した要素を返します。また、引数を省略した場合はリストの末尾の要素を取り出して返します。

chap4/sample1/l4.py

```
変数lst 入れろ 文字列「春」 文字列「夏」 文字列「春」 文字列「秋」 文字列「冬」
lst = ['春', '夏', '春', '秋', '冬']

変数item 入れろ 変数lst 取り出せ 数値2
item = lst.pop(2)

表示しろ 変数lst
print(lst)

表示しろ 変数item
print(item)
```

### 読み下し文

1 リスト［文字列「春」,文字列「夏」,文字列「春」,文字列「秋」,文字列「冬」］を変数lstに入れろ

2 数値2を指定して変数lstから取り出した要素を変数itemに入れろ

3 変数lstを表示しろ

4 変数itemを表示しろ

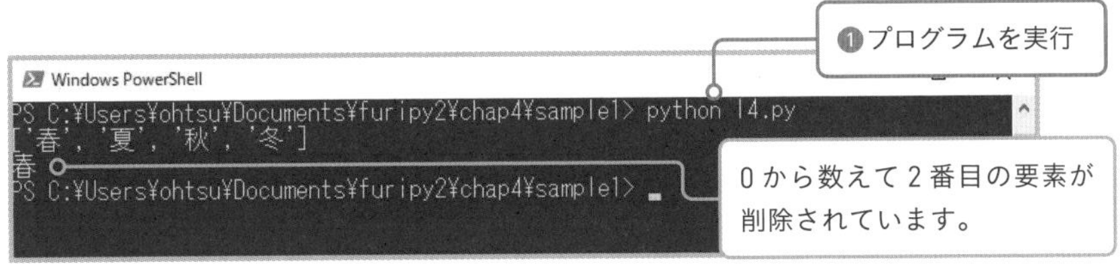


popメソッドが「引数省略時は最後の要素を削除して返す」という仕様になっているのは、末尾に追加するappendメソッドと組み合わせて、LIFO（Last-In-First-Out：後入れ先出し）として使うためです。LIFOはスタックとも呼び、基本的なデータ構造の1つとされています。同様のデータ構造に、FIFO（First-In-First-Out：先入れ先出し、キューやバッファとも呼ぶ）というものもあり、「append()」と「pop(0)」の組み合わせで実現できます。

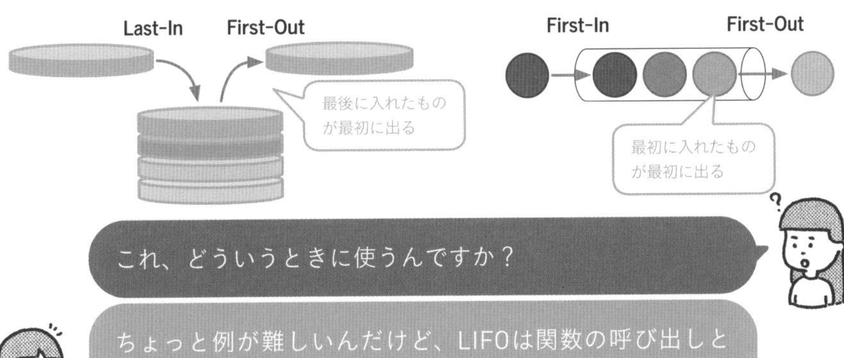


これ、どういうときに使うんですか？

ちょっと例が難しいんだけど、LIFOは関数の呼び出しとかツリー構造をたどるときとかに使う。FIFOのほうはデータを貯めておいて順番に処理するために使う

うーん……？　とりあえずすぐに使う用事はないので、必要な状況になったら思い出せばよさそうですね

文例 L5

# リストを逆順で繰り返す

変数lst

```
lst listオブジェクト
```

……の間　変数item　内　逆転して　変数lst　以下を繰り返せ

```
for␣item␣in␣reversed(lst):
```

変数item　変数lst

```
item さまざまなオブジェクト    lst listオブジェクト
```

### reversed関数の引数と戻り値

| | | |
|---|---|---|
| 引数seq | シーケンス | リストやタプルなどのシーケンス型のオブジェクト |
| 戻り値 | イテレータ | 順番を逆にしたイテレータ（iterableなオブジェクト）を返す |

DOC https://docs.python.org/ja/3/library/functions.html#reversed

## 逆順のイテレータを返すreversed関数

リストをfor文と組み合わせると、通常は先頭の要素から順に取り出されます。ここに組み込み関数のreversed関数を組み合わせると、最後の要素から逆順に取り出すことができます。reversed関数は元のリストの順番は変更しません。

■chap4/sample1/l5.py

変数lst入れろ　文字列「春」　文字列「夏」　文字列「秋」　文字列「冬」

```
lst = ['春', '夏', '秋', '冬']
```

……の間　変数item　内　逆転して　変数lst　以下を繰り返せ

```
for␣item␣in␣reversed(lst):
```

表示しろ　変数item　4字下げ

```
␣␣␣␣print(item)
```

## 読み下し文

**リスト**［文字列「春」,文字列「夏」,文字列「秋」,文字列「冬」］**を**変数lst**に入れろ**
変数lst**を逆転して要素を取得し、**変数item**に順次入れる間、以下を繰り返せ**
　変数item**を表示しろ**

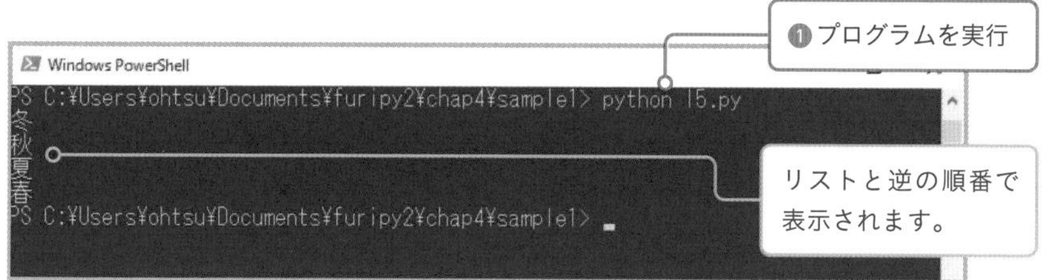


reversed関数は元のリストの状態を変えませんが、リスト自体の要素の順番を変えたい場合はシーケンス型のreverseメソッドを実行します。

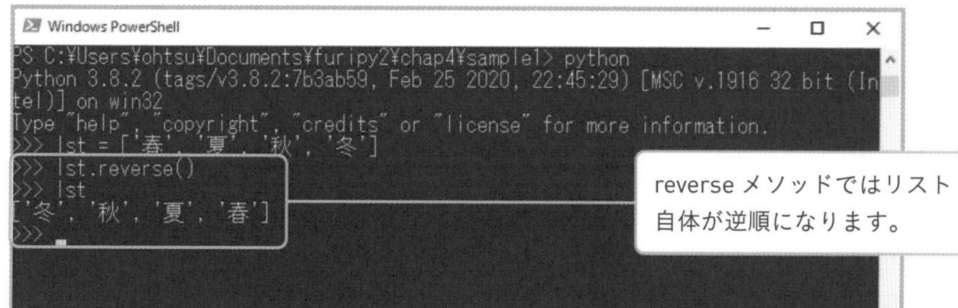


reversed関数とreverseメソッドって、どう使い分けたらいいんでしょう？

使い分けの基準か。仕様そのままの返事になっちゃうけど、リスト自体の状態を変えたいか変えたくないかが基準だろうね

今回の例だとreversed関数がよさそうですね。リストの順番を「冬、秋、夏、春」に変えるのって何かヘンですし

# 複数のリストをまとめて繰り返し処理する

```
変数lst                    変数lst2
lst  listオブジェクト      lst2  listオブジェクト

……の間 変数tpl 内 まとめて 変数lst 変数lst2 以下を繰り返せ
for␣tpl␣in␣zip(lst, lst2):

          変数tpl
4字下げ
␣␣␣␣tpl  tupleオブジェクト
```

**zip関数の引数と戻り値**

| | | |
|---|---|---|
| 引数iterables | *iterables | 複数のiterableなオブジェクト |
| 戻り値 | イテレータ | 引数に渡されたオブジェクトの要素をタプルにまとめ、イテレータ（iterableなオブジェクト）を返す |

DOC https://docs.python.org/ja/3/library/functions.html#zip

## 複数のリストをまとめるzip関数

組み込み関数のzip関数は、複数のリストの対応する要素同士をタプルにして、繰り返し可能なイテレータとして返します。少しわかりにくいので実際の例を見てみましょう。

■chap4/sample1/l6.py

```
変数lst 入れろ 文字列「春」 文字列「夏」 文字列「秋」 文字列「冬」
lst = ['春', '夏', '秋', '冬']

変数lst2 入れろ 文字列「曙」 文字列「夜」 文字列「夕暮れ」 文字列「早朝」
lst2 = ['曙', '夜', '夕暮れ', '早朝']

……の間 変数tpl 内 まとめて 変数lst 変数lst2 以下を繰り返せ
for␣tpl␣in␣zip(lst, lst2):

          表示しろ 変数tpl
4字下げ
␣␣␣␣print(tpl)
```

### 読み下し文

**リスト** [文字列「春」,文字列「夏」,文字列「秋」,文字列「冬」] **を**変数lst**に入れろ**

**リスト** [文字列「曙」,文字列「夜」,文字列「夕暮れ」,文字列「早朝」] **を**変数lst2 **に入れろ**

変数lst**と**変数lst2 **をまとめて要素を取得し、**変数tpl**に順次入れる間、以下を繰り返せ**

　変数tpl**を表示しろ**

16.pyでは「春、夏、秋、冬」と「曙（あけぼの）、夜、夕暮れ、早朝」という文字列のリストの、対応する要素同士をタプルにし、それを繰り返し処理で表示しています。「春と曙」、「夏と夜」がタプルになるわけです。

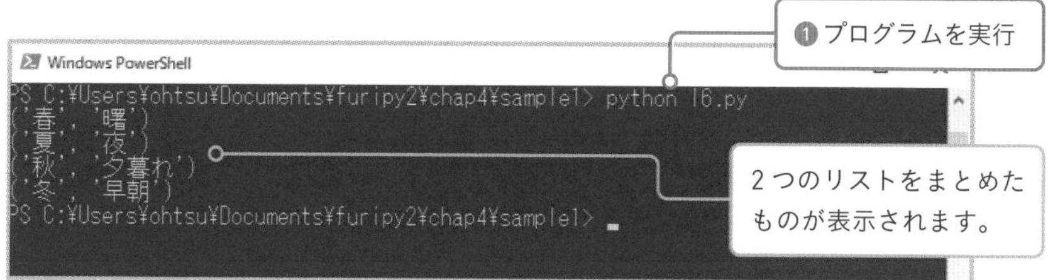


リストの要素数が異なる場合、短いほうに合わせられます。

```
PS C:¥Users¥ohtsu> python
Python 3.8.2 (tags/v3.8.2:7b3ab59, Feb 25 2020, 22:45:29) [MSC v.1916 32 bit (Intel)] on win32
Type "help", "copyright", "credits" or "license" for more information.
>>> lst = ['a', 'b', 'c', 'd', 'e']
>>> lst2 = [1, 2, 3]
>>> list(zip(lst,lst2))
[('a', 1), ('b', 2), ('c', 3)]
>>>
```

5要素と3要素のリストをまとめた場合、結果は3要素になります。

ドキュメントには明記されてないけど、「zip」の由来はジッパーを締めるようすに似てるからじゃないかと思う

# 文例 L7 内包表記を使って すばやくリストを作る

変数lst 入れろ 数値2 乗 変数x ……の間 変数x 内 範囲 数値16

```
lst = [2**x for x in range(16)]
```

変数lst

```
lst
```

listオブジェクト

DOC https://docs.python.org/ja/3/tutorial/datastructures.html#list-comprehensions

## 簡潔にリストを作る内包表記

リスト内包表記は、繰り返し処理によって簡潔にリストを生成する手法です。角カッコ内に式とfor句（文ではなく句です）を書きます。

？？？　この文例、意味が全然わかんないんですけど

今まで習ったリストやfor文の書き方とかなり違うから戸惑うかもね。でも結構よく使われるから覚えておこう

内包表記は、for文の中でリストに要素を追加していく処理に相当します。

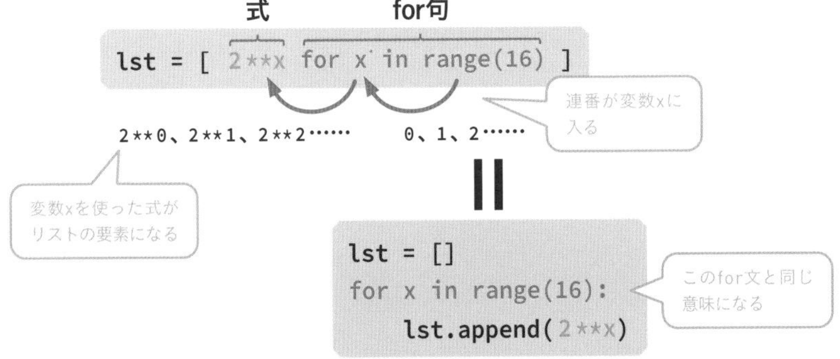

■chap4/sample1/l7.py

変数lst 入れろ 数値2 乗 変数x……の間 変数x 内 範囲 数値16

```
lst = [2**x for x in range(16)]
```

表示しろ 変数lst

```
print(lst)
```

読み下し文

数値0～数値16直前の範囲内の整数を変数xに順次入れる間、「数値2の変数x乗」をリストに追加し、リストを変数lstに入れろ

変数lstを表示しろ

l7.pyでは0～15の数値を生成し、2のx乗をリストに追加しています。つまり、2進数で各桁が表す数値の一覧です。

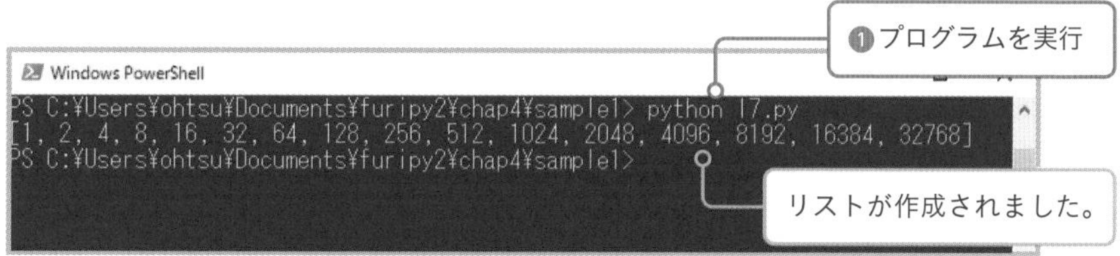

for文のinのあとにはリストとかも書けるじゃないですか。内包表記でもできるんですか？

もちろん！　iterableなオブジェクトなら何でもOKだよ

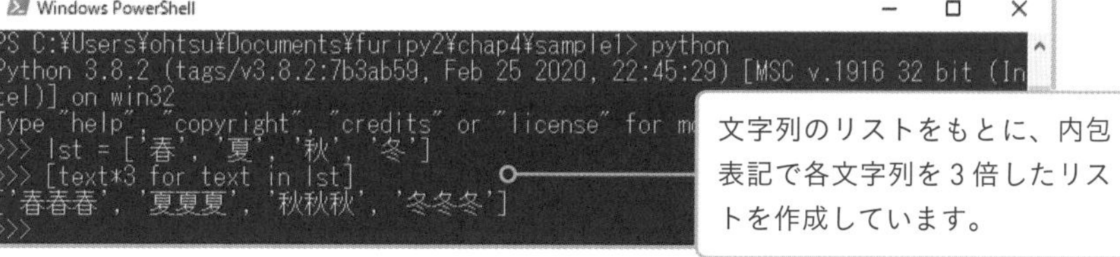

文例 L8

# リストを並べ替える

変数lst

```
lst
```

listオブジェクト

変数lst　並べ替えろ

```
lst.sort()
```

変数lst

```
lst
```

listオブジェクト

### list.sortメソッドの引数

| | | |
|---|---|---|
| 引数key | 関数 | 比較に使用する関数を指定する。省略時はなし（単純な値の比較） |
| 引数reverse | ブール値 | Trueを指定すると降順にする。省略時はFalse |

DOC https://docs.python.org/ja/3/library/stdtypes.html#list.sort

## リストを並べ替えるlist.sortメソッド

list.sortメソッドはリストを並べ替えるメソッドです。引数省略時は昇順、引数reverseにTrueを指定したときは降順で並べ替えます。引数は名前付きで指定する必要があります。シーケンス型ではなくlistオブジェクトのメソッドなので、タプルや文字列では使えません。

■chap4/sample1/l8.py

変数lst 入れろ　数値100　数値40　数値50　数値128　数値-5　数値18

```
lst = [100, 40, 50, 128, -5, 18]
```

変数lst　並べ替えろ

```
lst.sort()
```

表示しろ　変数lst

```
print(lst)
```

### 読み下し文

**リスト**［数値100, 数値40, 数値50, 数値128, 数値-5, 数値18］**を**変数lst**に入れろ**
変数lst**を並べ替えろ**
変数lst**を表示しろ**

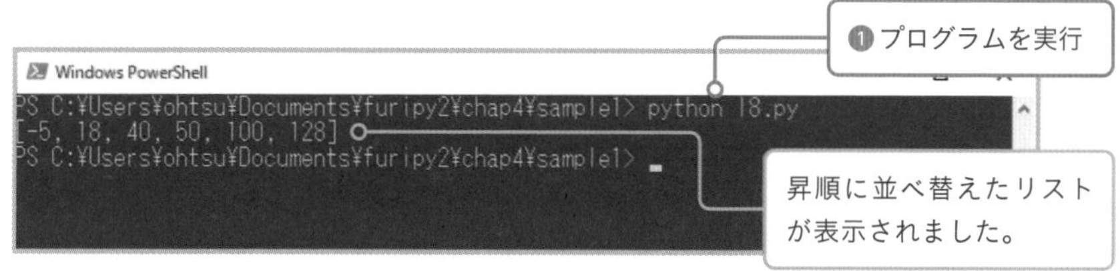

数値以外も並べ替えできるんですか？　文字とか

できるよ。でも読み順じゃなくて文字コード順だから、日本語は意図どおりに並べ替えられない場合がある

同様の働きを持つ組み込み関数にsorted関数があります。こちらは元のリストは変更せず、並べ替えたあとの新たなリストを返します。また、リストだけでなくタプルや文字列などiterableなオブジェクトなら何でも並べ替えできます（引数と関係なく戻り値はリストです）。

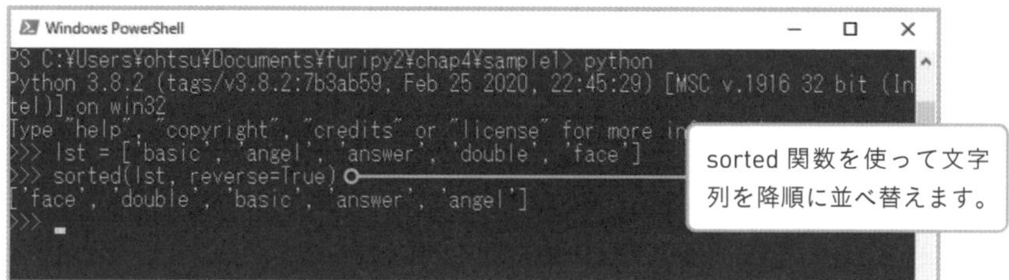


複雑なオブジェクトを並べ替えたいときは、sortメソッドやsorted関数の引数keyに関数を指定します。詳しくはPythonドキュメントの解説を参照してください。

- **ソート HOW TO（Pythonドキュメント）**
  https://docs.python.org/ja/3/howto/sorting.html

文例 L9

# itertoolsを使って多重ループを簡潔に書く

……の間 変数x 変数y 内 デカルト積を求めよ 範囲 数値1 数値10

```
for␣x, y␣in␣product(range(1, 10),
```

範囲 数値1 数値10 以下を繰り返せ

```
                    range(1, 10)):
```

変数x 変数y

```
x 整数          y 整数
```

### インポート方法

```
from itertools import product
```

### itertools.product関数の引数と戻り値

| | | |
|---|---|---|
| 引数iterable | 複数のiterable | リストやrangeなどのiterableなオブジェクト |
| 引数repeat | int | 引数iterable自体を複数掛け合わせるときに指定 |
| 戻り値 | iterable | タプルを返すiterableなオブジェクトを返す |

DOC https://docs.python.org/ja/3/library/itertools.html#itertools.product

## 繰り返し処理の便利機能が詰まったitertools

標準ライブラリの1つであるitertoolsは、「iter」という名前からわかるように繰り返し処理のための便利な関数をまとめたモジュールです。今回はその中からproduct関数の使い方を例として紹介します。

product関数の働きは、複数のiterableなオブジェクトから、デカルト積のiterableなオブジェクトを生成するというものです。デカルト積は数学用語で、「複数の集合から総当たりの集合を作り出す」ことを指し、l9.pyでは、1〜9のrangeオブジェクト2つから、(1, 1) 〜 (9, 9) までの81種類の数値の組み合わせを生成しています。それらを掛けた結果を表示すると、九九の表ができあがります。for文の入れ子による多重ループよりもシンプルです。

■chap4/sample1/l9.py

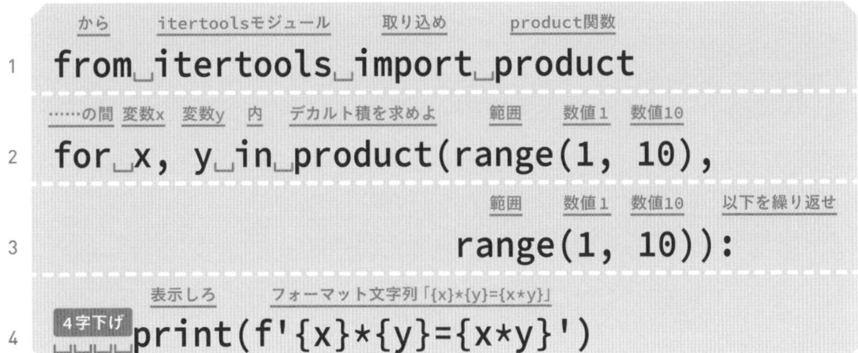


```
from itertools import product
for x, y in product(range(1, 10),
                    range(1, 10)):
    print(f'{x}*{y}={x*y}')
```

読み下し文

itertoolsモジュールからproduct関数を取り込め

数値1〜数値10直前の範囲内の整数と、数値1〜数値10直前の範囲内の整数のデカルト積を求め、変数xと変数yに順次入れる間、以下を繰り返せ

フォーマット文字列「{x}*{y}={x*y}」を表示しろ

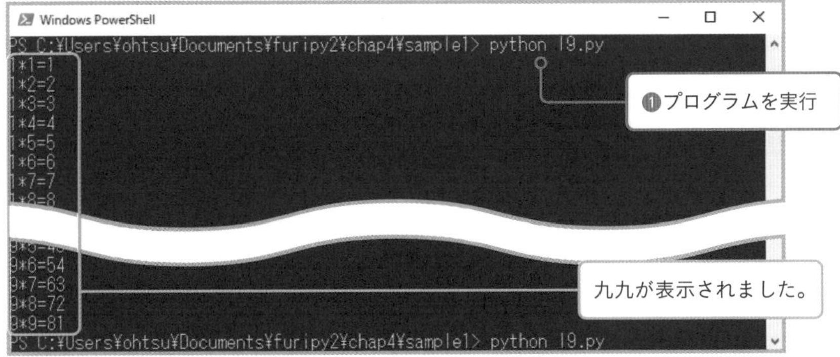


引数がiterableだから、リストも使えるんですよね？

文字列とかいろんなものが使えるよ。それと、今回は同じrangeを2つ掛け合わせているから、「product(range(1, 10), repeat=2)」と指定してもいいんだ

文例 L10

# 辞書から値とキーを取り出す

変数dct

```
dct
```
dictオブジェクト

……の間　変数key　変数value　内　変数dct　アイテム取得　以下を繰り返せ

```
for␣key, value␣in␣dct.items():
```

変数key　変数value

```
key
```
さまざまなオブジェクト

```
value
```
さまざまなオブジェクト

**dict.itemsメソッドの戻り値**

| 戻り値 | 辞書ビューオブジェクト | キーと値のタプルのiterableなオブジェクトを返す |
|---|---|---|

DOC https://docs.python.org/ja/3/library/stdtypes.html#dict.items

## 辞書から値やキーを取り出すvalues、itemsメソッド

Chapter 4の冒頭でも簡単に紹介しましたが、辞書（dictオブジェクト）は、キーと値のセットを記録します。辞書でよく使われるメソッドには、valuesやitemsがあります。これらは辞書ビューオブジェクトを返し、iterableなオブジェクトなのでfor文と組み合わせて使うことができます。valuesメソッドは値のみ、itemsはキーと値のタプルを返します。キーのみがほしいときはメソッドは不要です。

辞書ではその他に、in演算子やpopメソッド、clearメソッドといった、シーケンス演算（P.116参照）と同様の機能を利用できます。

l10.pyでは、男性、女性、子供の人数データを辞書に記憶し、それを取り出して表示しています。

■chap4/sample1/l10.py

変数dct　入れろ　文字列「male」　数値4　文字列「female」　数値8　文字列「child」　数値4

```
dct = {'male': 4, 'female': 8, 'child':4}
```

読み下し文

1 辞書{文字列「male」と数値4, 文字列「female」と数値8, 文字列「child」と数値4}を変数dctに入れろ

2 変数dct内のアイテムを取得し、変数keyと変数valueに順次入れる間、以下を繰り返せ

3 変数keyと変数valueを表示しろ

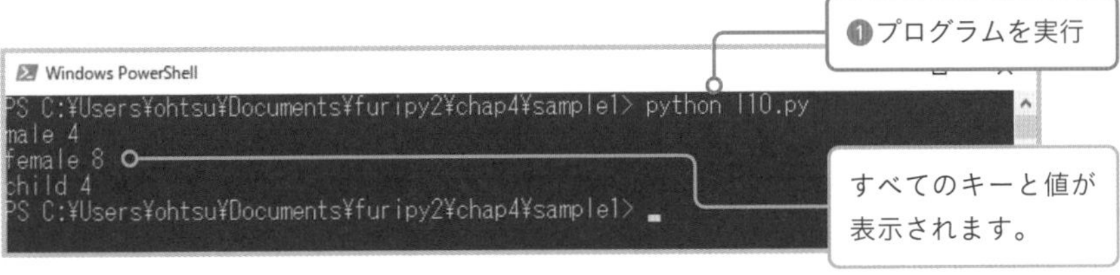


values、itemsメソッドはfor文と組み合わせずに単体で利用することもできます。戻り値はiterableなオブジェクトなので、組み込み関数のlen関数やsum関数などの引数にできます。

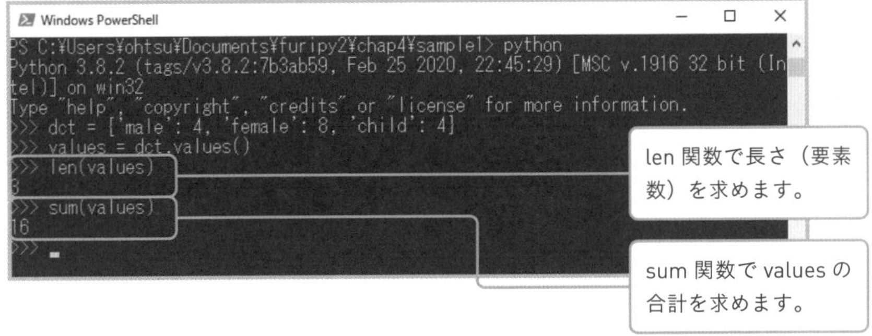


今さらですけど、戻り値や引数がiterableだからできることが結構たくさんありますね

合体

F2 + F8 + L10

# 拡張子別にファイル数を集計する

それじゃ合体文例に行ってみよう。まずは拡張子別にファイル数を集計してみよう

必要になること時々ありますよね。でも、ファイルの文例っぽいですが、リストに関係あります？

集計結果の記憶に辞書を使ってるんだ

## どんなプログラム？

フォルダ内にさまざまなファイルを入れておくと、拡張子別のファイル数を集計して表示します。

次の3つの文例を合体して作ります。

- **F2：サブフォルダ内のファイルも対象にする**
- **F8：ファイル名や拡張子を取り出す**
- **L10：辞書から値とキーを取り出す**

Path.globメソッドに「**/*.*」というパターンを指定し、サブフォルダも含めたすべてのファイルを取得します（フォルダ名に「.」が入っているとそれも含まれます）。そしてPath.suffixプロパティで拡張子を取り出し、それを辞書のキーにして数を記録していきます。

■chap4/sample2/combi_c4_1.py

```
  から   pathlibモジュール   取り込め   Pathオブジェクト
from pathlib import Path
変数dct 入れろ 空の辞書
dct = {}
  変数current   入れろ   Path作成
current = Path()
……の間   変数path   内   変数current   パス取得   文字列「**/*.*」   以下を繰り返せ
for path in current.glob('**/*.*'):
    変数ext 入れろ 変数path   接尾辞
    ext = path.suffix
    もしも 変数ext   中   変数dct 真なら以下を実行せよ
    if ext in dct:
        変数dct   変数ext   足して入れろ 数値1
        dct[ext]  +=  1
    そうでないなら以下を実行せよ
    else:
        変数dct   変数ext   入れろ 数値1
        dct[ext] = 1
  表示しろ   変数dct
print(dct)
```

注意が必要なのは、辞書の中にすでにキーがあるときとないときで処理を変えないといけない点です。そこで、in演算子で辞書に拡張子のキーが含まれているかを確認します。キーがすでにあるときは、+=演算子で数を1増やします。キーがないときはそのキーに対して1を設定します。

**読み下し文**

pathlibモジュールからPathオブジェクトを取り込め
空の辞書を変数dctに入れろ
Pathオブジェクトを作成し、変数currentに入れろ
文字列「**/*.*」を指定して変数current内のパスを取得し、変数pathに順次入れる間、以下を繰り返せ
　変数pathの接尾辞を変数extに入れろ
　もしも「変数dctの中に変数extというキーが含まれている」が真なら以下を実行せよ
　　変数dctの要素extに数値1を足して入れろ
　そうでないなら以下を実行せよ
　　変数dctの要素extに数値1を入れろ
変数dctを表示しろ

文例L10を使うとありますけど、結構変えてますよね

う〜ん、今回の例ではitemsメソッドは必要なかった。変数dctをそのまま表示するんじゃなくて、軽く整形して表示する場合はitemsメソッドを使うんだけど

整形して表示したい場合は、「print(dct)」の部分を次のように変更してください。文例L10にフォーマット文字列を組み合わせています。

読み下し文

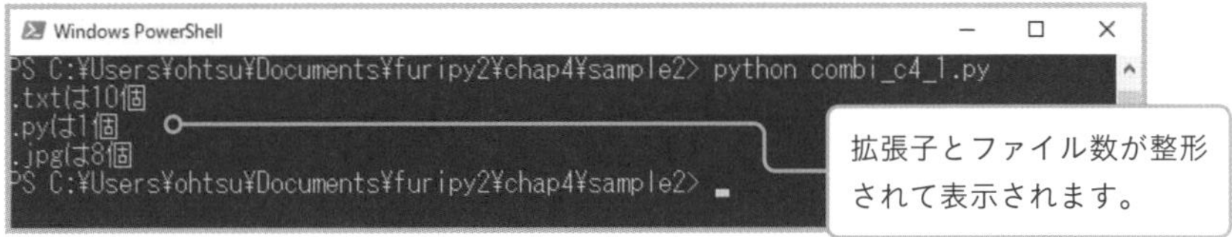

拡張子の種類が多いときは、このほうが読みやすいはずだよ

さらに拡張子をABC順に並べ替えたいとかいったらどうします？

その場合はこんな感じかな？

文例L８で紹介したsorted関数で並べ替えたキーを取得します。sorted関数の戻り値はリストになるので、繰り返し処理のところでひと工夫必要です。

```
lst = sorted(dct)                      キーを並べ替えたリストを取得
for key in lst:                        リストの繰り返し処理
    print(f'{key}は{dct[key]}個')      dct[key]の形で表示
```

合体

F3 + F4 + T5 + T6 + L8

# テキストファイルを行ごとに並べ替えて保存する

また、ほとんどファイルと文字列の文例ですね〜

リストは基本的な処理だから、いろいろなものと組み合わせることが多いんだよね

## どんなプログラム？

用語集をイメージして「用語：説明」の形で記述したテキストファイルを用意し、それを並べ替えます。

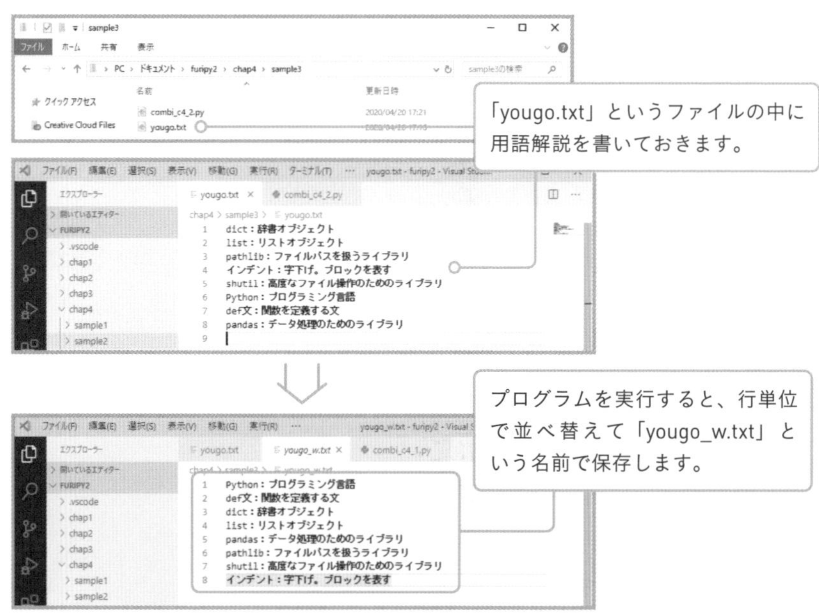

サンプルファイルは用語集をイメージしているけど、並べ替えのキーになる文字列が行頭にくるデータなら何にでも使えるよ

次の5つの文例を合体して作ります。

- **F3：テキストファイルを読み込む**
- **F4：テキストファイルに書き込む**
- **T5：文字列を行ごとに分割したリストにする**
- **T6：文字列のリストを連結して1つの文字列にする**
- **L8：リストを並べ替える**

プログラムの前半では、「yougo.txt」というファイルを開いて読み込みます。これはすでに何度もやってきたとおりです。

■chap4/sample3/combi_c4_2.py（前半）

から　pathlibモジュール　取り込め　Pathオブジェクト

```
from pathlib import Path
```

変数path　入れろ　Path作成　文字列「yougo.txt」

```
path = Path('yougo.txt')
```

変数txt　入れろ　変数path　テキストを読み込め　引数encodingに文字列「utf-8」

```
txt = path.read_text(encoding='utf-8')
```

読み下し文

1 pathlibモジュールからPathオブジェクトを取り込め

2 文字列「yougo.txt」を指定してPathオブジェクトを作成し、変数pathに入れろ

3 引数encodingに文字列「utf-8」を指定して変数pathからテキストを読み込み、結果を変数txtに入れろ

後半では並べ替え処理を行って、ファイルに書き出します。

行ごとに並べ替えたいので、まず文例T5のstr.splitlinesメソッドで行分割します。文字列のリストになるので、文例L8のlist.sortメソッドで並べ替えます。そして文例T6のstr.joinメソッドでリストを連結し、1つの文字列にします。最後にファイルに書き出したら完了です。

■chap4/sample3/combi_c4_2.py（後半）

```
変数lst 入れろ 変数txt 複数行に分割しろ
lst = txt.splitlines()
変数lst 並べ替えろ
lst.sort()
変数txt 入れろ 文字列「\n」 連結しろ 変数lst
txt = '\n'.join(lst)
変数path 入れろ Path作成 文字列「yougo_w.txt」
path = Path('yougo_w.txt')
変数path テキストを書き込め 変数txt 引数encodingに文字列「utf-8」
path.write_text(txt, encoding='utf-8')
```

読み下し文

4 変数txtを複数行に分割し、結果を変数lstに入れろ

5 変数lstを並べ替えろ

6 変数lstを指定して文字列「\n」で連結し、結果を変数txtに入れろ

7 文字列「yougo_w.txt」を指定してPathオブジェクトを作成し、変数pathに入れろ

8 変数txtと引数encodingに文字列「utf-8」を指定して、変数pathにテキストを書き込め

アルファベットは大文字のA～Z、小文字のa～zの順になっちゃうんですね

大文字／小文字を区別せずに並べ替えたいときは、sortメソッドの引数keyを使うんだ

sortメソッドに「key=str.lower」という引数を指定します。これで文字列を比較する前に文例T2のstr.lowerメソッドが実行されるようになり、小文字同士の比較になるため、大文字／小文字を区別しない並び順になります。

変数lst　並べ替えろ　引数keyにstr.lower

```
lst.sort(key=str.lower)
```

読み下し文

引数keyにstr.lowerを指定して変数lstを並べ替えろ

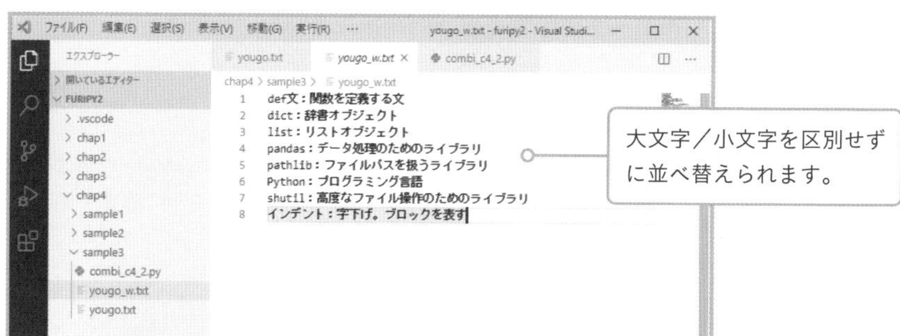

うん、ほしかったのはこれって感じです！

合体

F1 + F3 + T4 + L2 + L9

# 食材の組み合わせで献立を考える

今回は食材をテキストファイルに書いておいて、それらすべての組み合わせを表示するサンプルだよ

献立の参考にしてねって感じですかね。危険な組み合わせも出てきそう

## どんなプログラム？

itertoolsのproduct関数を使って総当たりの組み合わせ一覧を表示します。組み合わせ元のリストを外部のテキストファイルにするのが特徴です。

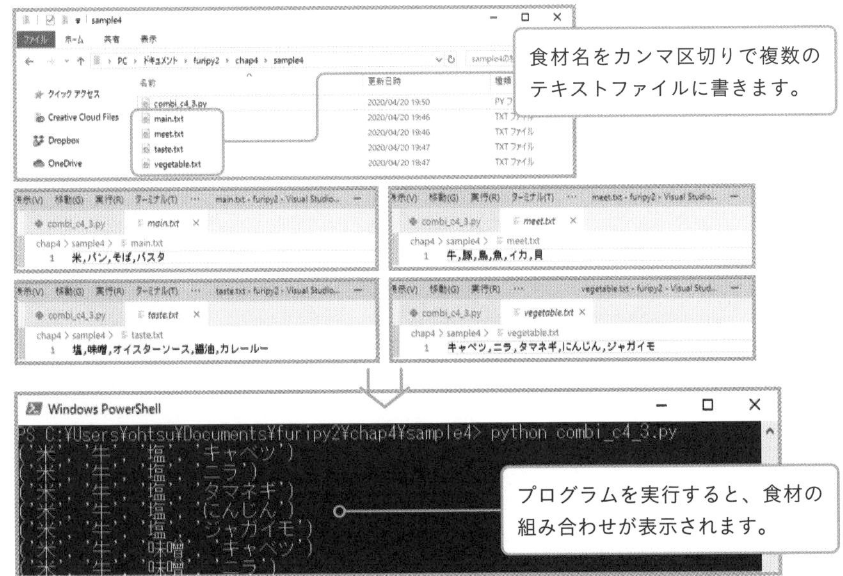

次の5つの文例を合体して作ります。

- **F1：フォルダ内のファイルを繰り返し処理する**
- **F3：テキストファイルを読み込む**
- **T4：文字列を区切り文字で分割したリストにする**
- **L2：リストの末尾に要素を追加する**
- **L9：itertoolsを使って多重ループを簡潔に書く**

プログラムの前半では、Path.globメソッドでフォルダ内のすべてのテキストファイルを開き、順次読み込んでいきます。

■chap4/sample4/combi_c4_3.py（前半）

```
  から   pathlibモジュール   取り込め  Pathオブジェクト
from pathlib import Path
  から   itertoolsモジュール   取り込め   product関数
from itertools import product
変数food 入れろ 空のリスト
food = []
 変数current  入れろ Path作成
current = Path()
……の間 変数path 内 変数current パス取得 文字列「*.txt」 以下を繰り返せ
for path in current.glob('*.txt'):
        変数txt 入れろ 変数path テキストを読み込め
4字下げ
    txt = path.read_text(
                  引数encodingに文字列「utf-8」
            encoding='utf-8')
```

**読み下し文**

1 pathlibモジュールからPathオブジェクトを取り込め

2 itertoolsモジュールからproduct関数を取り込め

3 空のリストを変数foodに入れろ

4 Pathオブジェクトを作成し、変数currentに入れろ

文字列「*.txt」を指定して変数current内のパスを取得し、変数pathに順次入れる間、以下を繰り返せ

引数encodingに文字列「utf-8」を指定して変数pathからテキストを読み込み、結果を変数txtに入れろ

読み込んだテキストを、文例T4のstr.splitメソッドを使ってカンマで分割し、リストにします。このリストを文例L2のappendメソッドを使って、変数foodに入れたリストに追加します。こうすると、変数foodは多重のリストになります。変数foodをproduct関数に渡す際にアンパックして複数のリストに展開し、デカルト積を求めて表示します。

■chap4/sample4/combi_c4_3.py（後半）

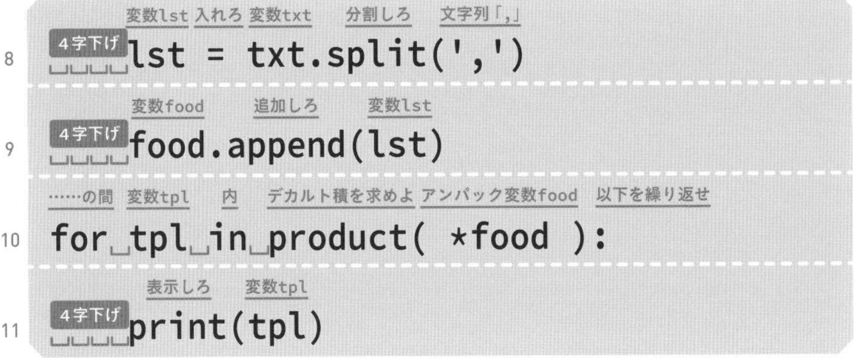


**読み下し文**

文字列「,」を指定して変数txtを分割し、結果を変数lstに入れろ

変数lstを変数foodに追加しろ

アンパックした変数foodを指定してデカルト積を求め、変数tplに順次入れる間、以下を繰り返せ

変数tplを表示しろ

テキストファイルが4つあれば、4種類の組み合わせを総当たりで表示します。テキストファイルの数は増減可能です。

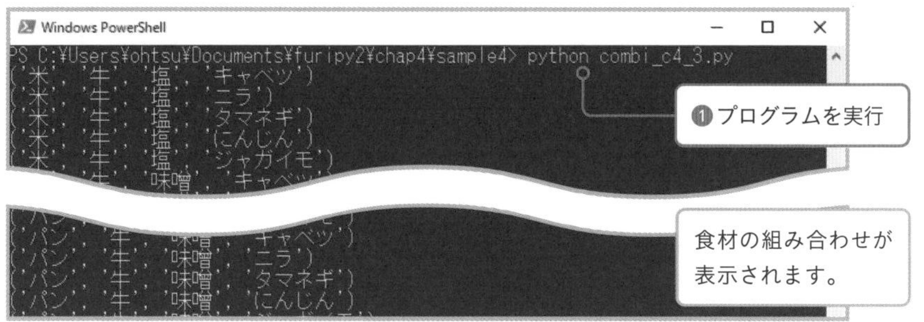

ちょいちょいわからない用語が出てくるんですが……。多重のリストとかアンパックとか

多重のリストはリストの中にリストがある状態。引数のアンパックは入門書では解説しないことも多いね

appendメソッドの引数にリストを指定すると、リストの中にリストが入った状態になります。

```
food = [
        ['米','パン','そば','パスタ'],
        ['牛','豚','鳥','魚','イカ','貝'],
                ……
    ]
```

リストの中にリストが入っている

タプルやリストの引数の前に「* (アスタリスク)」を付けると、展開した状態の引数として関数に渡されます。これが引数のアンパックです。

今回のプログラムでは、組み合わせる食材がテキストファイルの数で増減します。それをうまくproduct関数の引数にするために、いったん多重のリストにしてからアンパックしているのです。

## itertoolsのさまざまな関数

itertoolsは繰り返し処理を助けるためのモジュールです。文例ではproduct関数のみを紹介しましたが、他にもイテレータを生成するさまざまな関数が用意されています。

- **itertools --- 効率的なループ実行のためのイテレータ生成関数**
  https://docs.python.org/ja/3/library/itertools.html

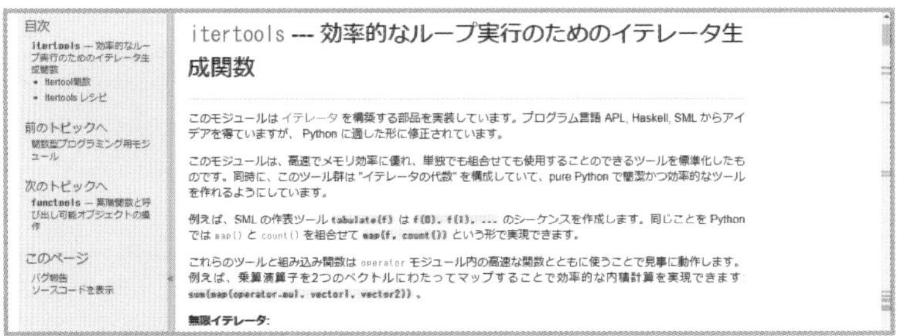


例えば、islice（アイ・スライス）という関数は、リストや文字列などのiterableなオブジェクトから一部を抜き出して、繰り返し処理を行うことができます。名前のとおりスライスに働きが似ていますし、スライスを使っても同様の処理を行えます。

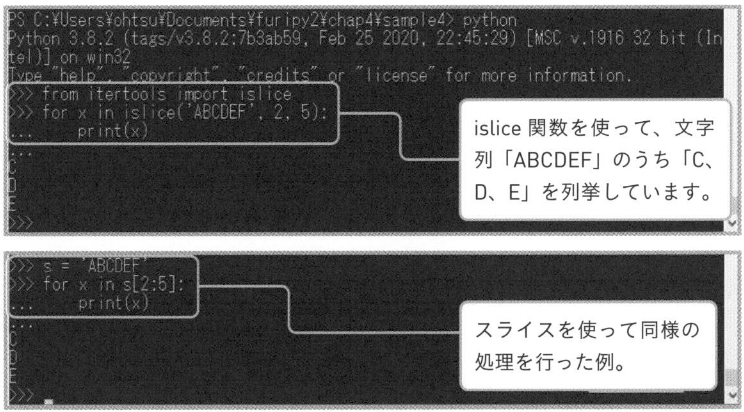


itertoolsは高速でメモリ効率がよく、巨大なデータを扱ってもメモリの消費量が少ないとされています。そのため扱うデータ量が非常に多い場合は、スライスなどよりもitertoolsの関数を使ったほうが、効率よく処理できるはずです。

# Chapter 5

# 画像を扱う文例

1

NO 01

# Pythonで画像を処理するPillow

Pillow（ピロー）はJPEGやPNGなどの画像ファイルを読み込んで加工できるライブラリだよ

画像の加工なら、グラフィックスソフトを使ったほうが便利そうですけど？

大量の画像ファイルにロゴや日付を書き込むとか、グラフィックスソフトだと面倒なこともできるよ

## Pillowを使った画像の自動処理

PillowはPythonで画像を処理するためのライブラリです。画像ファイルの読み込みと保存の他、リサイズ、回転、色調補正といった処理が行えます。また、ImageDrawオブジェクトを利用すると、画像に文字や図形を描き込むこともできます。

- **Pillowドキュメントページ**
  https://pillow.readthedocs.io/en/stable/index.html

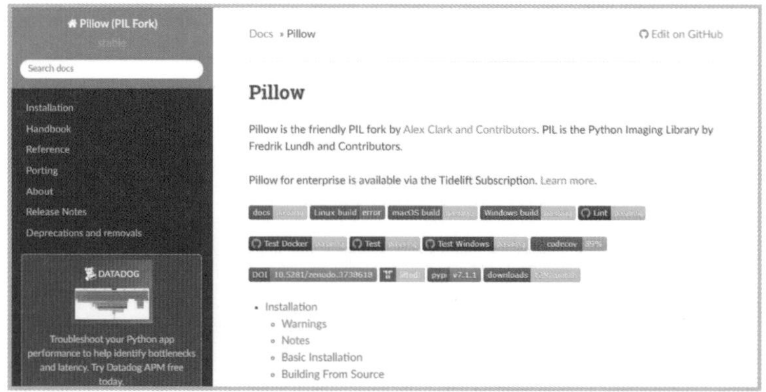

## pipコマンドでインストールする

PillowはPython付属の標準ライブラリではなく、サードパーティ製のライブラリです。そのため、pipコマンドでインストールする必要があります。Pillowの公式サイトでは、次のコマンドでインストールするように解説されています。

```
python3 -m pip install --upgrade pip
python3 -m pip install --upgrade Pillow
```

「python3 -m」はPythonインストール時にパスの設定（P.19参照）を行っていれば省略可能です。また、macOS版では古いバージョンのPythonが標準インストールされているため、「pip」の代わりに「pip3」と入力して新しいバージョンのpipコマンドを実行します。

1行目の「python3 -m pip install --upgrade pip」はpipコマンド自体をアップグレードするものなので、最近実行していれば省略してもOKです。つまり、次のコマンドだけでもインストールできます。

```
pip install --upgrade Pillow
```

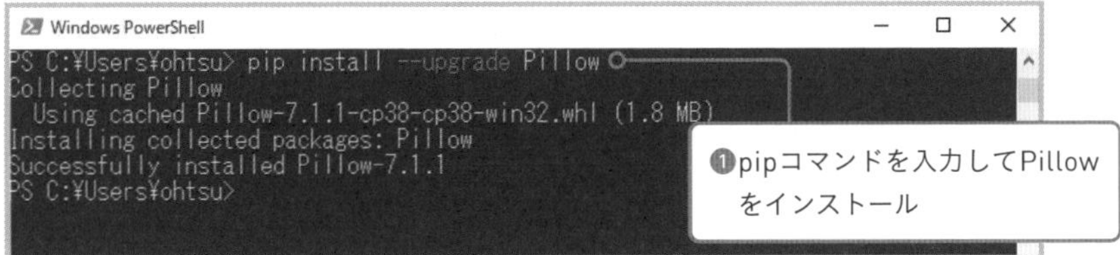


PillowはPIL（Python Image Library）というライブラリをベースに開発されたため、インポート時はPILという名前を使います。

```
from PIL import Image
```

Pillowは英語で枕のこと。たぶんPILに似た言葉を使ったシャレなんだろうね

# 画像ファイルを開く

```
変数path
path Pathオブジェクト

変数img 入れろ Imageオブジェクト 開け 変数path
img = Image.open(path)

変数img                       変数path
img Imageオブジェクト          path Pathオブジェクト
```

### インポート方法

```
from PIL import Image
```

### Image.openメソッドの引数と戻り値

| | | |
|---|---|---|
| 引数fp | str／Path | ファイルパスを表す文字列かPathオブジェクト、ファイルオブジェクト |
| 戻り値 | Image | Imageオブジェクトを返す |

DOC https://pillow.readthedocs.io/en/stable/reference/Image.html#PIL.Image.open

## 画像ファイルを開くImage.openメソッド

画像ファイルに対して何かの処理を行うには、まず読み込まなければいけません。それを行うのがImage.openメソッドで、開くことに成功するとImageオブジェクトを返します。

i1.pyではimage1.jpgを開き、その幅と高さを表示します。

■chap5/sample1/i1.py

```
から PILモジュール 取り込め Imageオブジェクト
from PIL import Image

から pathlibモジュール 取り込め Pathオブジェクト
from pathlib import Path
```

```
変数path 入れろ Path作成 文字列「image1.jpg」
path = Path('image1.jpg')
変数img 入れろ Imageオブジェクト 開け 変数path
img = Image.open(path)
表示しろ 変数img 幅 変数img 高さ
print(img.width, img.height)
```

読み下し文

1 PILモジュールからImageオブジェクトを取り込め

2 pathlibモジュールからPathオブジェクトを取り込め

3 文字列「image1.jpg」を指定してPathオブジェクトを作成し、変数pathに入れろ

4 変数pathを指定してImageオブジェクトを開き、結果を変数imgに入れろ

5 変数imgの幅と変数imgの高さを表示しろ

Imageオブジェクトはwidthとheightというプロパティを持っており、それらを使って画像の幅と高さを取得できます。単位はピクセルです。

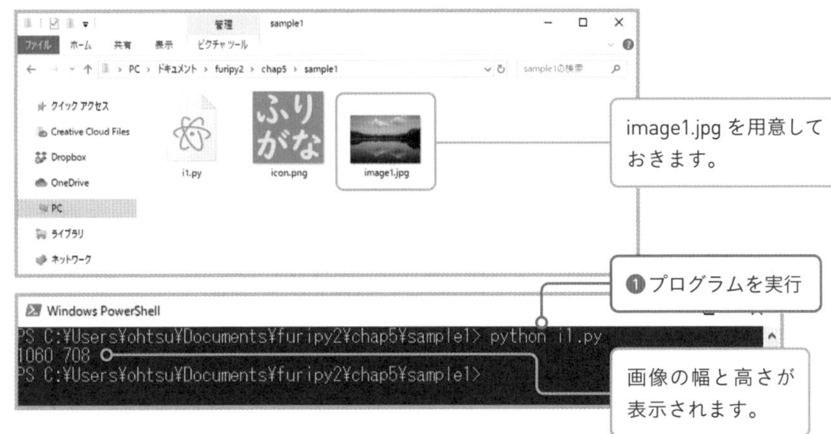


文例F1のPath.globメソッドを組み合わせると、複数ファイルのサイズを調べることもできますよね

# 文例 12 画像を保存する

```
変数img                          変数path
img  Imageオブジェクト           path  Pathオブジェクト
変数img 保存しろ 変数path
img.save(path)
```

### インポート方法

```
from PIL import Image
```

### Image.saveメソッドの引数と戻り値

| | | |
|---|---|---|
| 引数fp | str／Path | ファイルパスを表す文字列かPathオブジェクト |
| 引数format | str | ファイル形式を表す文字列。省略時は拡張子をもとに自動設定 |
| 引数*params | 可変長 | 保存パラメータを指定。内容は形式によって異なる |
| 戻り値 | Image | Imageオブジェクトを返す |

DOC https://pillow.readthedocs.io/en/stable/reference/Image.html#PIL.Image.Image.save

## 画像を保存するImage.saveメソッド

何かの加工をしたあとそれをファイルに保存するには、Image.saveメソッドを利用します。必要ならオプションなどを指定することもできます。引数formatを省略した場合、ファイルパスの拡張子から形式が決まります。

■chap5/sample1/i2.py

```
から PILモジュール 取り込め Imageオブジェクト
from PIL import Image
から pathlibモジュール 取り込め Pathオブジェクト
from pathlib import Path
```

```
変数path 入れろ Path作成 文字列「image1.jpg」
path = Path('image1.jpg')
変数img 入れろ Imageオブジェクト 開け 変数path
img = Image.open(path)
変数path 入れろ Path作成 文字列「image1.png」
path = Path('image1.png')
変数img 保存しろ 変数path 引数dpiにタプル（数値128,数値128）
img.save(path, dpi=(128, 128))
```

読み下し文

1 PILモジュールからImageオブジェクトを取り込め

2 pathlibモジュールからPathオブジェクトを取り込め

3 文字列「image1.jpg」を指定してPathオブジェクトを作成し、変数pathに入れろ

4 変数pathを指定してImageオブジェクトを開き、結果を変数imgに入れろ

5 文字列「image1.png」を指定してPathオブジェクトを作成し、変数pathに入れろ

6 変数pathと引数dpiにタプル（128,128）を指定して変数imgを保存しろ

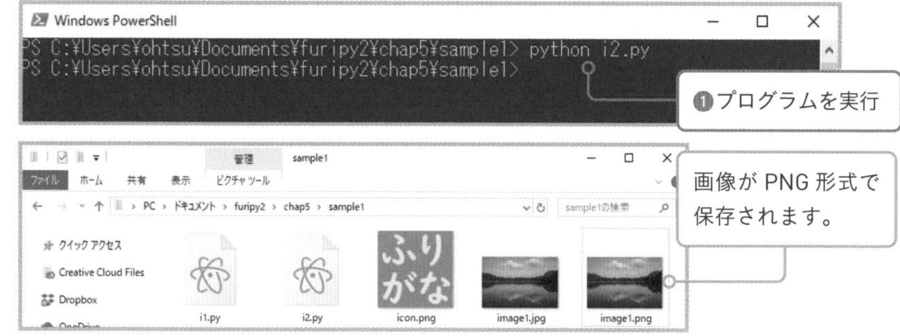


i2.pyではJPEG形式の画像を開いて、PNG形式で保存しています。その際に画像解像度（dpi）を変更しています。Pillowが利用可能なファイル形式やオプションについては、以下のURLの解説を参考にしてください。

- **Image file formats（Pillowドキュメント）**
  https://pillow.readthedocs.io/en/stable/handbook/image-file-formats.html

## 文例 13 画像をリサイズする

```
変数img
img  Imageオブジェクト
変数img 入れろ 変数img  リサイズしろ  数値200  数値200
img = img.resize((200, 200))
変数img
img  Imageオブジェクト
```

### インポート方法

```
from PIL import Image
```

### Image.resizeメソッドの引数と戻り値

| | | |
|---|---|---|
| 引数size | tuple | リサイズ後の幅と高さを表す整数のタプル |
| 戻り値 | Image | リサイズ後のImageオブジェクトを返す |

DOC https://pillow.readthedocs.io/en/stable/reference/Image.html#PIL.Image.Image.resize

## 画像をリサイズするImage.resizeメソッド

Image.resizeメソッドは画像を指定したピクセル数にリサイズします。サイズ指定はタプルであることに注意してください。また、上の表では省いていますが、リサイズ方式などを指定する引数もあります。

■ chap5/sample1/i3.py

```
から  PILモジュール  取り込め  Imageオブジェクト
from␣PIL␣import␣Image
から  pathlibモジュール  取り込め  Pathオブジェクト
from␣pathlib␣import␣Path
```

```
変数path 入れろ Path作成 文字列「image1.jpg」
path = Path('image1.jpg')
変数img 入れろ Imageオブジェクト 開け 変数path
img = Image.open(path)
変数img 入れろ 変数img リサイズしろ 数値200 数値200
img = img.resize((200, 200))
変数img 表示しろ
img.show()
```

読み下し文

1 PILモジュールからImageオブジェクトを取り込め

2 pathlibモジュールからPathオブジェクトを取り込め

3 文字列「image1.jpg」を指定してPathオブジェクトを作成し、変数pathに入れろ

4 変数pathを指定してImageオブジェクトを開き、結果を変数imgに入れろ

5 タプル（数値200, 数値200）を指定して変数imgをリサイズし、結果を変数imgに入れろ

6 変数imgを表示しろ

i3.pyでは、リサイズの結果を表示するためにImage.showメソッドを利用しています。実行すると画像が別ウィンドウで表示されます。

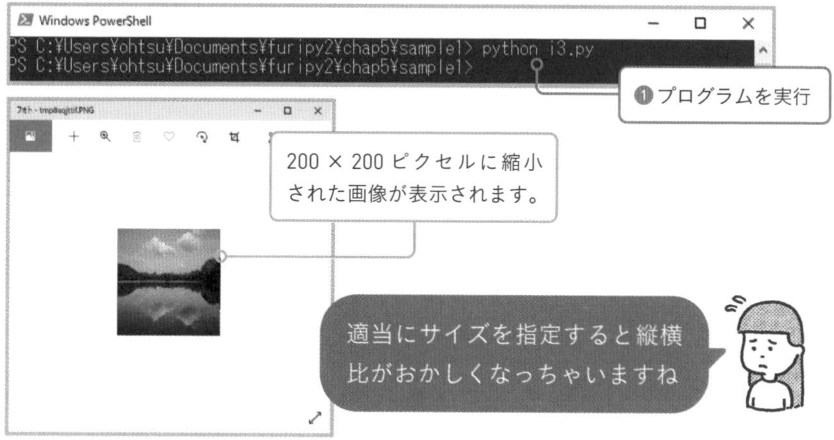


5 画像を扱う 文例❶

# 画像をトリミングする

```
変数img
img  Imageオブジェクト
変数img 入れろ 変数img トリミングしろ 数値0 数値0 数値500 数値200
img = img.crop((0, 0, 500, 200))
変数img
img  Imageオブジェクト
```

### インポート方法

```
from PIL import Image
```

### Image.cropメソッドの引数と戻り値

| | | |
|---|---|---|
| 引数box | tuple | 切り抜きたい範囲を表す4つの整数のタプル |
| 戻り値 | Image | トリミング後のImageオブジェクトを返す |

DOC https://pillow.readthedocs.io/en/stable/reference/Image.html#PIL.Image.Image.crop

## 画像をトリミングするImage.cropメソッド

トリミングとは、画像から一部の範囲を切り出すことです。英語ではcropping（クロッピング）と呼ぶことが多く、このメソッド名もcropです。（左, 上, 右, 下）のタプルで範囲を指定します。

■ chap5/sample1/i4.py

```
から PILモジュール 取り込め Imageオブジェクト
from␣PIL␣import␣Image
から pathlibモジュール 取り込め Pathオブジェクト
from␣pathlib␣import␣Path
```

```
変数path 入れろ Path作成 文字列「image1.jpg」
path = Path('image1.jpg')
変数img 入れろ Imageオブジェクト 開け 変数path
img = Image.open(path)
変数img 入れろ 変数img トリミングしろ 数値0 数値0 数値500 数値200
img = img.crop((0, 0, 500, 200))
変数img 表示しろ
img.show()
```

読み下し文

1 PILモジュールからImageオブジェクトを取り込め

2 pathlibモジュールからPathオブジェクトを取り込め

3 文字列「image1.jpg」を指定してPathオブジェクトを作成し、変数pathに入れろ

4 変数pathを指定してImageオブジェクトを開き、結果を変数imgに入れろ

5 タプル（数値0, 数値0, 数値500, 数値200）を指定して変数imgをトリミングし、結果を変数imgに入れろ

6 変数imgを表示しろ

i4.pyでは（0, 0, 500, 200）の範囲を指定しているので、画像の左上から（500, 200）までの範囲が切り出されます。

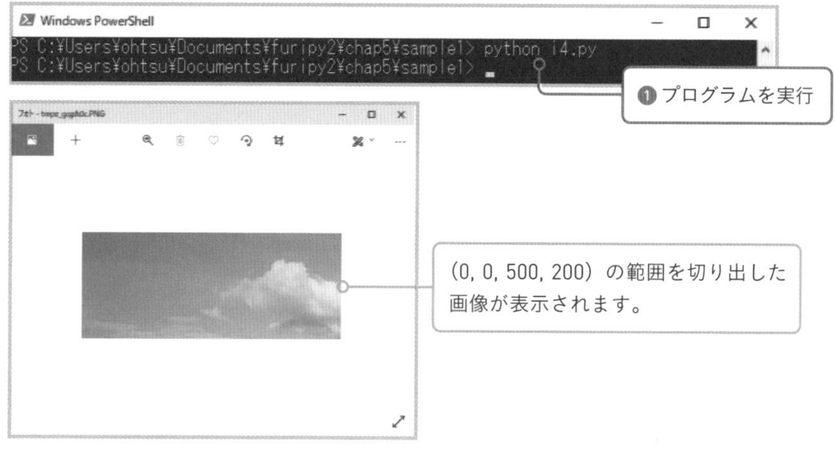

文例 15

# 画像を回転する

```
変数img
img Imageオブジェクト

変数img 入れろ 変数img 回転しろ 数値90 引数expandにブール値True
img = img.rotate(90, expand=True)

変数img
img Imageオブジェクト
```

### インポート方法

```
from PIL import Image
```

### Image.rotateメソッドの引数と戻り値

| | | |
|---|---|---|
| 引数angle | float | 反時計回りの度数 |
| 引数expand | ブール値 | Trueを指定した場合、回転したイメージ全体が表示できるよう画像サイズを拡大する。省略時はFalse |
| 引数center | tuple | 回転の中央位置 |
| 引数fillcolor | tuple | 回転によってできた余白を塗りつぶす色をRGB値のタプル（例：(255,0,0)など）で指定 |
| 戻り値 | Image | 回転後のImageオブジェクトを返す |

DOC https://pillow.readthedocs.io/en/stable/reference/Image.html#PIL.Image.Image.rotate

## 画像を回転するImage.rotateメソッド

Image.rotateメソッドによって画像を反時計回りに回転できます。

■ chap5/sample1/i5.py

```
から PILモジュール 取り込め Imageオブジェクト
from␣PIL␣import␣Image
```

```
  から  pathlibモジュール  取り込め  Pathオブジェクト
from␣pathlib␣import␣Path
変数path 入れろ Path作成  文字列「image1.jpg」
path = Path('image1.jpg')
変数img 入れろ Imageオブジェクト 開け  変数path
img = Image.open(path)
変数img 入れろ 変数img  回転しろ  数値90  引数expandにブール値True
img = img.rotate(90, expand=True)
変数img  表示しろ
img.show()
```

読み下し文

1 PILモジュールからImageオブジェクトを取り込め

2 pathlibモジュールからPathオブジェクトを取り込め

3 文字列「image1.jpg」を指定してPathオブジェクトを作成し、変数pathに入れろ

4 変数pathを指定してImageオブジェクトを開き、結果を変数imgに入れろ

5 数値90と引数expandにブール値Trueを指定して変数imgを回転し、結果を変数imgに入れろ

6 変数imgを表示しろ

# 画像をグレースケールに変換する

```
変数img
img  Imageオブジェクト

変数img 入れろ 変数img  変換しろ  引数modeに文字列「L」
img = img.convert(mode='L')

変数img
img  Imageオブジェクト
```

### インポート方法

```
from PIL import Image
```

### Image.convertメソッドの引数と戻り値

| | | |
|---|---|---|
| 引数mode | str | 「L」「RGB」「CMYK」などの文字列を指定 |
| 戻り値 | Image | 変換後のImageオブジェクトを返す |

DOC https://pillow.readthedocs.io/en/stable/reference/Image.html#PIL.Image.Image.convert

## 画像を変換するImage.convertメソッド

Image.convertメソッドはカラーモードを変換します。複雑なので詳細は省きますが、変換行列というものを指定した高度なモード変換もできます。シンプルでよく使われるのは、「mode='L'」を指定したグレースケール変換です。

■ chap5/sample1/i6.py

```
から PILモジュール 取り込め Imageオブジェクト
from␣PIL␣import␣Image

から pathlibモジュール 取り込め Pathオブジェクト
from␣pathlib␣import␣Path
```

```
変数path 入れろ Path作成 文字列「image1.jpg」
path = Path('image1.jpg')
変数img 入れろ Imageオブジェクト 開け 変数path
img = Image.open(path)
変数img 入れろ 変数img 変換しろ 引数modeに文字列「L」
img = img.convert(mode='L')
変数img 表示しろ
img.show()
```

**読み下し文**

1 PILモジュールからImageオブジェクトを取り込め
2 pathlibモジュールからPathオブジェクトを取り込め
3 文字列「image1.jpg」を指定してPathオブジェクトを作成し、変数pathに入れろ
4 変数pathを指定してImageオブジェクトを開き、結果を変数imgに入れろ
5 引数modeに文字列「L」を指定して変数imgを変換し、結果を変数imgに入れろ
6 変数imgを表示しろ

5 画像を扱う文例❶

文例
# I7 画像を合成する

変数img　　変数new_img
**img** Imageオブジェクト　**new_img** Imageオブジェクト

変数img　貼り付けろ　変数new_img　数値10　数値10
```
img.paste(new_img, (10, 10))
```

変数img　　変数new_img
**img** Imageオブジェクト　**new_img** Imageオブジェクト

### インポート方法

```
from PIL import Image
```

### Image.pasteメソッドの引数と戻り値

| | | |
|---|---|---|
| 引数im | Image | 貼り付けるImageオブジェクト |
| 引数box | tuple | 貼り付け位置を示すタプル。省略時は左上隅 |
| 戻り値 | Image | 合成後のImageオブジェクトを返す |

DOC https://pillow.readthedocs.io/en/stable/reference/Image.html#PIL.Image.Image.paste

## 画像を貼り付けるImage.pasteメソッド

Image.pasteメソッドは画像に他の画像を貼り付けます。

■chap5/sample1/i7.py

から　PILモジュール　取り込め　Imageオブジェクト
```
from PIL import Image
```
から　pathlibモジュール　取り込め　Pathオブジェクト
```
from pathlib import Path
```
変数path　入れろ　Path作成　文字列「image1.jpg」
```
path = Path('image1.jpg')
```

```
変数img 入れろ Imageオブジェクト 開く 変数path
img = Image.open(path)
変数path 入れろ Path作成 文字列「icon.png」
path = Path('icon.png')
変数new_img 入れろ Imageオブジェクト 開け 変数path
new_img = Image.open(path)
変数img 貼り付けろ 変数new_img 数値10 数値10
img.paste(new_img, (10, 10))
変数img 表示しろ
img.show()
```

読み下し文

1 PILモジュールからImageオブジェクトを取り込め

2 pathlibモジュールからPathオブジェクトを取り込め

3 文字列「image1.jpg」を指定してPathオブジェクトを作成し、変数pathに入れろ

4 変数pathを指定してImageオブジェクトを開き、結果を変数imgに入れろ

5 文字列「icon.png」を指定してPathオブジェクトを作成し、変数pathに入れろ

6 変数pathを指定してImageオブジェクトを開き、結果を変数new_imgに入れろ

7 変数new_imgとタプル（数値10, 数値10）を指定して、変数imgに貼り付けろ

8 変数imgを表示しろ

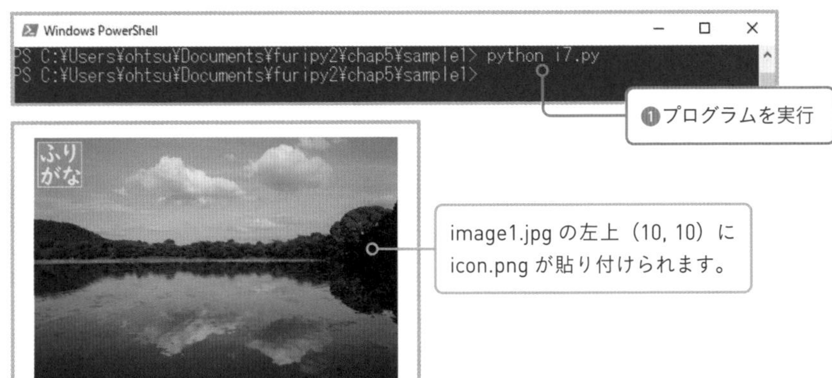

# イメージに描き込むためのオブジェクトを作る

```
変数img
img Imageオブジェクト
```

```
変数draw 入れろ ImageDrawオブジェクト 描画準備 変数img
draw = ImageDraw.Draw(img)
```

```
変数draw                              変数img
draw ImageDrawオブジェクト            img Imageオブジェクト
```

## インポート方法

```
from PIL import ImageDraw
```

## ImageDraw.Drawメソッドの引数と戻り値

| | | |
|---|---|---|
| 引数im | Image | 描画先のImageオブジェクト |
| 戻り値 | ImageDraw | ImageDrawオブジェクトを返す |

DOC https://pillow.readthedocs.io/en/stable/reference/ImageDraw.html#PIL.ImageDraw.PIL.ImageDraw.Draw

## ImageオブジェクトにImageDrawオブジェクト

ImageDrawオブジェクトは、Imageオブジェクトに図形や文字を描き込むために使います。ImageDraw.Drawメソッドでオブジェクトを作成し、そのメソッドを利用して描画していきます。

■chap5/sample1/i8.py

```
から PILモジュール 取り込め Imageオブジェクト ImageDrawオブジェクト
from PIL import Image, ImageDraw
から pathlibモジュール 取り込め Pathオブジェクト
from pathlib import Path
```

```
変数path 入れろ Path作成 文字列「image1.jpg」
path = Path('image1.jpg')
変数img 入れろ Imageオブジェクト 開け 変数path
img = Image.open(path)
変数draw 入れろ ImageDrawオブジェクト 描画準備 変数img
draw = ImageDraw.Draw(img)
変数img 表示しろ
img.show()
```

読み下し文

1 PILモジュールからImageオブジェクトとImageDrawオブジェクトを取り込め

2 pathlibモジュールからPathオブジェクトを取り込め

3 文字列「image1.jpg」を指定してPathオブジェクトを作成し、変数pathに入れろ

4 変数pathを指定してImageオブジェクトを開き、結果を変数imgに入れろ

5 変数imgを指定してImageDrawオブジェクトで描画準備し、結果を変数drawに入れろ

6 変数imgを表示しろ

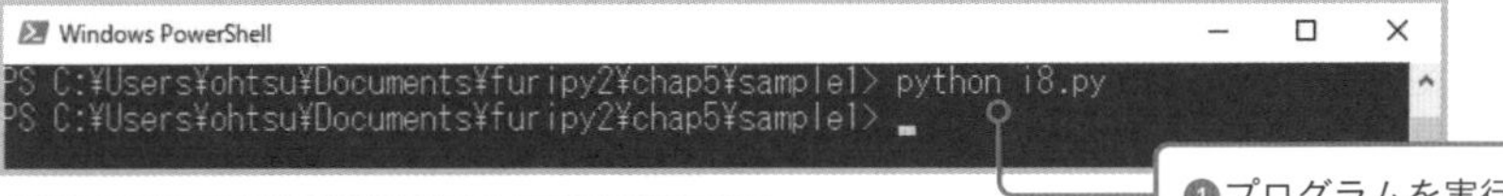


❶プログラムを実行

image1.jpg が表示されます。

元画像のままですね。失敗したんでしょうか？

まだImageDrawオブジェクトを作っただけだからね。次の文例のメソッドで描画していくよ

文例 19

# 画像に四角や円を描く

変数draw

draw ImageDrawオブジェクト

変数draw　四角を描け　数値10　数値10　数値500　数値200

```
draw.rectangle((10, 10, 500, 200),
```

引数fillにタプル（数値255,数値255,数値0）

```
              fill=(255, 255, 0))
```

変数draw

draw ImageDrawオブジェクト

## インポート方法

```
from PIL import ImageDraw
```

## ImageDraw.rectangleメソッド（四角を描く）の引数

| | | |
|---|---|---|
| 引数xy | tuple | 左、上、右、下の位置を指定するタプル |
| 引数outline | tuple／str | 輪郭線の色のRGB値を指定するタプルか文字列 |
| 引数fill | tuple／str | 塗りつぶしの色のRGB値を指定するタプルか文字列 |
| 引数width | int | 輪郭線の幅。省略時は1ピクセル |

DOC https://pillow.readthedocs.io/en/stable/reference/ImageDraw.html#PIL.ImageDraw.PIL.ImageDraw.ImageDraw.rectangle

## ImageDraw.ellipseメソッド（楕円を描く）の引数

| | | |
|---|---|---|
| 引数xy | tuple | 左、上、右、下の位置を指定するタプル |
| 引数outline | tuple／str | 輪郭線の色のRGB値を指定するタプルか文字列 |
| 引数fill | tuple／str | 塗りつぶしの色のRGB値を指定するタプルか文字列 |
| 引数width | int | 輪郭線の幅。省略時は1ピクセル |

DOC https://pillow.readthedocs.io/en/stable/reference/ImageDraw.html#PIL.ImageDraw.PIL.ImageDraw.ImageDraw.ellipse

### ImageDraw.lineメソッド（線を描く）の引数

| | | |
|---|---|---|
| 引数xy | tuple | 複数のxy座標のタプル |
| 引数fill | tuple／str | 線の色のRGB値を指定するタプルか文字列 |
| 引数width | int | 輪郭線の幅。省略時は1ピクセル |

DOC https://pillow.readthedocs.io/en/stable/reference/ImageDraw.html#PIL.ImageDraw.PIL.ImageDraw.ImageDraw.line

## ImageDrawオブジェクトのメソッドで図形を描く

ImageDrawオブジェクトには、四角を描くrectangleメソッド、楕円を描くellipseメソッド、線を描くlineメソッドがあります。引数の指定方法はおおむね共通していて、引数xyに座標値のタプルを指定し、引数outlineと引数fillには輪郭線や塗りつぶしのRGB値のタプルを（255, 128, 0）といった形で指定します。引数widthは線の太さです。

i9.pyで四角を描いてみましょう。

■ chap5/sample1/i9.py

```
  から PILモジュール 取り込め Imageオブジェクト ImageDrawオブジェクト
from PIL import Image, ImageDraw
  から pathlibモジュール 取り込め Pathオブジェクト
from pathlib import Path
変数path 入れろ Path作成 文字列「image1.jpg」
path = Path('image1.jpg')
変数img 入れろ Imageオブジェクト 開け 変数path
img = Image.open(path)
変数draw 入れろ ImageDrawオブジェクト 描画準備 変数img
draw = ImageDraw.Draw(img)
変数draw 四角を描け 数値10 数値10 数値500 数値200
draw.rectangle((10, 10, 500, 200),
                    引数fillにタプル（数値255,数値255,数値0）
                    fill=(255, 255, 0))
変数img 表示しろ
img.show()
```

### 読み下し文

1 PILモジュールからImageオブジェクトとImageDrawオブジェクトを取り込め

2 pathlibモジュールからPathオブジェクトを取り込め

3 文字列「image1.jpg」を指定してPathオブジェクトを作成し、変数pathに入れろ

4 変数pathを指定してImageオブジェクトを開き、結果を変数imgに入れろ

5 変数imgを指定してImageDrawオブジェクトで描画準備し、結果を変数drawに入れろ

6 7 タプル（数値10, 数値10, 数値500, 数値200）と、引数fillにタプル（数値255, 数値255, 数値0）を指定して、変数drawを使って四角を描け

8 変数imgを表示しろ

画像の左上を基点（0,0）として、（10,10）〜（500,200）の範囲に四角を描いています。単位はピクセルです。引数fillには（255,255,0）と指定しており、これが赤緑青の3色の明るさを表します。0がもっとも暗く255はもっとも明るい光となるので、赤と緑の光が混合して黄色になります。Web制作でよく見かける「fill='#FF0'」のような16進数表記も使用できます。

頑張ればちょっとしたイラストが描けそうですね

次は円を描いてみましょう。Image.showメソッドの前に追加してください。

変数draw　円を描け　数値10　数値200　数値210　数値400

引数outlineに文字列「#F08」　引数widthに数値10

```
draw.ellipse((10, 200, 210, 400),
                outline='#0F8', width=10)
```

読み下し文

**タプル**（数値10, 数値200, 数値210, 数値400）**と、**引数outlineに文字列「#F08」**と、**引数widthに数値10**を指定して、**変数draw**を使って**円を描け

image1.jpg に緑の円が描かれます。

lineメソッドで引数xyに複数の座標（x,y）を指定すると、その間が線で結ばれます。

変数draw　線を引け　数値10　数値100　数値110　数値10　数値210　数値100

引数fillに文字列「#F00」　引数widthに数値10

```
draw.line((10, 100, 110, 10, 210, 100),
            fill='#F00', width=10)
```

読み下し文

**タプル**（数値10, 数値100, 数値110, 数値10, 数値210, 数値100）**と、**引数fillに文字列「#F00」**と、**引数widthに数値10**を指定して、**変数draw**を使って**線を引け

image1.jpg に赤い線が描かれます。

# 画像に文字列を書き込む

変数draw

```
draw
```
ImageDrawオブジェクト

変数fnt　入れろ　ImageFontオブジェクト　truetype取得　文字列「msgothic」　数値40

```
fnt = ImageFont.truetype('msgothic', 40)
```

変数draw　テキスト描画　数値10　数値10　文字列「text」　引数fontに変数fnt

```
draw.text((10, 10), 'text', font=fnt)
```

変数draw　変数fnt

```
draw
```
ImageDrawオブジェクト

```
fnt
```
ImageFontオブジェクト

### インポート方法

```
from PIL import ImageDraw
```

### ImageDraw.textメソッドの引数

| | | |
|---|---|---|
| 引数xy | tuple | 文字を描画する位置のタプル |
| 引数text | str | 描画する文字列 |
| 引数fill | tuple／str | 描画色を表すタプルまたは文字列 |
| 引数font | ImageFont | フォント |

DOC https://pillow.readthedocs.io/en/stable/reference/ImageDraw.html#PIL.ImageDraw.PIL.ImageDraw.ImageDraw.text

## 画像に文字列を書き込むImageDraw.textメソッド

ImageDraw.textメソッドは、ImageFontオブジェクトで指定したフォントを使って文字列を書き込みます。ImageFontオブジェクトで使用するフォントはパソコンにインストールされている必要があり、インストールされていない場合は実行時エラーが発生します（P.178参照）。

■chap5/sample1/i10.py

```
   から PILモジュール 取り込め Imageオブジェクト ImageDrawオブジェクト
1  from␣PIL␣import␣Image, ImageDraw, 折り返し
   ImageFontオブジェクト
   ImageFont
   から pathlibモジュール 取り込め Pathオブジェクト
2  from␣pathlib␣import␣Path
   変数path 入れろ Path作成 文字列「image1.jpg」
3  path = Path('image1.jpg')
   変数img 入れろ Imageオブジェクト 開け 変数path
4  img = Image.open(path)
   変数draw 入れろ ImageDrawオブジェクト 描画準備 変数img
5  draw = ImageDraw.Draw(img)
   変数fnt 入れろ ImageFontオブジェクト truetype取得 文字列「msgothic」 数値40
6  fnt = ImageFont.truetype('msgothic', 40)
   変数draw テキスト描画 数値10 数値10 文字列「ImageDrawで描画」
7  draw.text((10, 10), 'ImageDrawで描画',
                       引数fontに変数fnt
8                      font=fnt)
   変数img 表示しろ
9  img.show()
```

読み下し文

1 PILモジュールからImageオブジェクトとImageDrawオブジェクトとImageFontオブジェクトを取り込め

2 pathlibモジュールからPathオブジェクトを取り込め

3 文字列「image1.jpg」を指定してPathオブジェクトを作成し、変数pathに入れろ

4 変数pathを指定してImageオブジェクトを開き、結果を変数imgに入れろ

5 変数imgを指定してImageDrawオブジェクトで描画準備し、結果を変数drawに入れろ

**文字列「msgothic」と数値40を指定して、ImageFontオブジェクトのtruetypeフォントを取得し、結果を変数fntに入れろ**

**タプル（数値10, 数値10）と、文字列「ImageDrawで描画」と、引数fontに変数fntを指定して、変数drawを使ってテキストを書け**

**変数imgを表示しろ**

ここでは「MSゴシック」で40ピクセルサイズのフォントを使用し、(10, 10)の位置に「ImageDrawで描画」と表示しています。色を指定しない場合、白で表示されます。

パソコンにインストールされていないフォントを使おうとした場合、もしくは指定が間違っていた場合は、OSErrorが発生します。

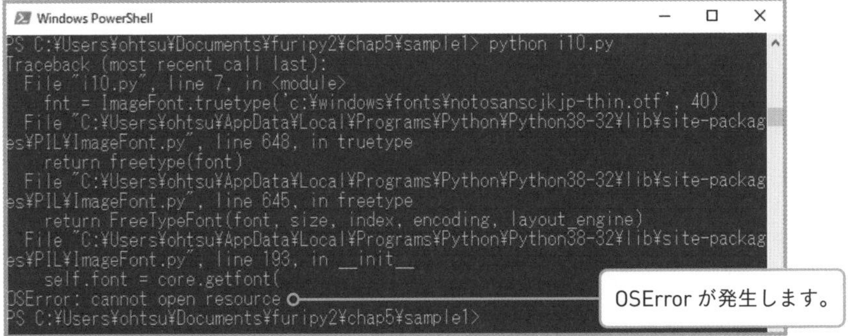


ImageFont.truetypeメソッドには、TrueType形式かOpenType形式のフォント名かフォントファイルのパスを指定します。筆者の環境で確認したところでは、フォント名で指定する場合、大文字／小文字によっても読み込みの成功失敗が変化するようでした。フォントファイルのパスを指定する場合、フォルダの区切りには「/（スラッシュ）」を使います。

```
fnt = ImageFont.truetype('arial', 40) ―― OK
fnt = ImageFont.truetype('ARIAL', 40) ―― NG
fnt = ImageFont.truetype('HGRGM', 40) ―― OK
fnt = ImageFont.truetype('hgrgm', 40) ―― NG
fnt = ImageFont.truetype('c:/windows/fonts/notosanscjkjp-thin.otf', 40) ―― OK
```

フォントファイルのパスを確認するには、OSの設定画面からフォントに関する設定項目を探してください。以下はWindows 10のフォント設定画面です。

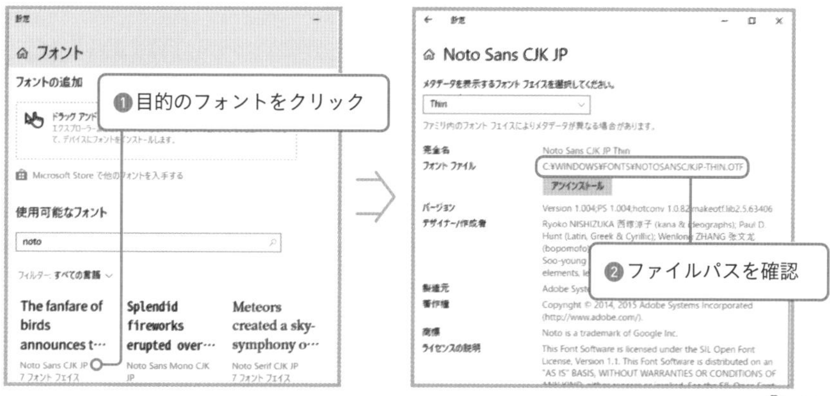


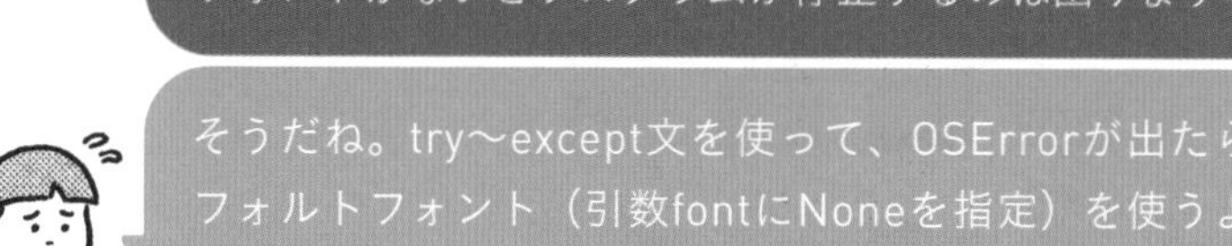

どんな環境でもエラーを出さないようにする必要があるなら、プログラムファイルと同じ場所にフォントファイルを置いてしまうという手もあります。それならファイルが見つからなくなる恐れはありません。ただし、WindowsやmacOSの付属フォントをコピーすると問題があるので、ライセンス的に問題がないフリーフォントなどを探す必要があります。

F1 + F13 + I1 + I2 + I3 + I4

# 写真のサムネイルを作成する

画像の合体文例の1つ目は、定番のサムネイル作成だよ

あー、確かによくありますね。縦横比が変わらないようにしてほしいです

## どんなプログラム？

JPEG形式の画像から200×200ピクセルのサムネイルを作成し、[thumb] フォルダに保存します。このとき縦横比が変わらないよう、短い辺に合わせて正方形に切り取ってからリサイズします。

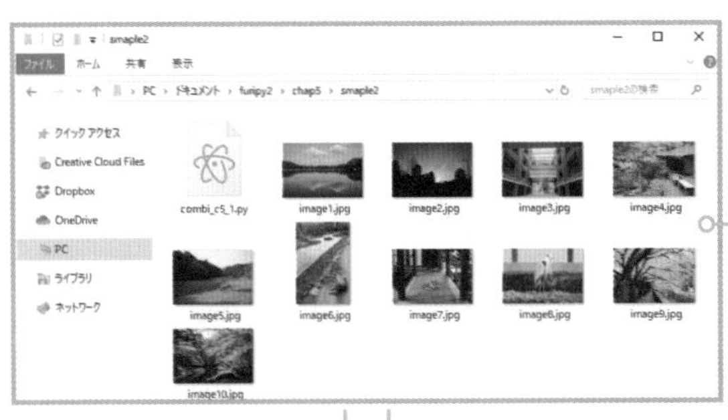


JPEG 形式の画像をいくつか入れておきます。

プログラムを実行すると [thumb] フォルダが作られ、その中にサムネイルが保存されます。

次の6つの文例を合体して作ります。

- **F1：フォルダ内のファイルを繰り返し処理する**
- **F13：フォルダを作成する**
- **I1：画像ファイルを開く**
- **I2：画像を保存する**
- **I3：画像をリサイズする**
- **I4：画像をトリミングする**

プログラムの前半では文例F13のPath.mkdirメソッドを利用して、[thumb]フォルダを作成します。そして、文例F1のPath.globメソッドを利用して、JPEGファイルを対象にした繰り返し処理を開始します。

■chap5/sample2/combi_c5_1.py（前半）

```
  から  PILモジュール  取り込め  Imageオブジェクト
from PIL import Image
  から  pathlibモジュール  取り込め  Pathオブジェクト
from pathlib import Path
  変数current  入れろ  Path作成
current = Path()
  変数target  入れろ  Path作成  文字列「thumb」
target = Path('thumb')
  変数target  フォルダ作成  引数exist_okにブール値True
target.mkdir(exist_ok=True)
  ……の間  変数path  内  変数current  パス取得  文字列「*.jpg」  以下を繰り返せ
for path in current.glob('*.jpg'):
```

読み下し文

1 PILモジュールからImageオブジェクトを取り込め

2 pathlibモジュールからPathオブジェクトを取り込め

3 Pathオブジェクトを作成し、変数currentに入れろ

4 文字列「thumb」を指定してPathオブジェクトを作成し、変数targetに入れろ

5 引数exist_okにブール値Trueを指定して、変数targetのフォルダを作成しろ

6 文字列「*.jpg」を指定して変数current内のパスを取得し、変数pathに順次入れる間、以下を繰り返せ

JPEGファイルのパスが順次渡されるので、そのファイルを開きトリミングとリサイズを行って保存します。

■chap5/sample2/combi_c5_1.py（後半）

```
    変数img 入れろ Imageオブジェクト 開け 変数path
7   [4字下げ]img = Image.open(path)
    変数size 入れろ 最小値 変数img 幅 変数img 高さ
8   [4字下げ]size = min(img.width, img.height)
    変数x 入れろ 変数img 幅 ❶引く 変数size ❷割り捨て数値2
9   [4字下げ]x = (img.width - size) // 2
    変数y 入れろ 変数img 高さ ❶引く 変数size ❷割り捨て 数値2
10  [4字下げ]y = (img.height - size) // 2
    変数img 入れろ 変数img トリミングしろ 変数x 変数y
11  [4字下げ]img = img.crop((x, y,
    変数x 足す 変数size 変数y 足す 変数size
12                           x+size, y+size))
    変数img 入れろ 変数img リサイズしろ 数値200 数値200
13  [4字下げ]img = img.resize((200, 200))
    変数img 保存しろ 変数target 連結 変数path
14  [4字下げ]img.save(target / path)
```

読み下し文

7 変数pathを指定してImageオブジェクトを開き、結果を変数imgに入れろ

8 変数imgの幅と変数imgの高さのうち最小値を選び、変数sizeに入れろ

9 変数imgの幅から変数sizeを引いた結果を数値2で割って切り捨て、変数xに入れろ

10 変数imgの高さから変数sizeを引いた結果を数値2で割って切り捨て、変数yに入れろ

**タプル**（変数x, 変数y, 変数x 足す 変数size, 変数y 足す 変数size）**を指定して、**
変数img**をトリミングし、結果を**変数img**に入れろ**

**タプル**（数値200, 数値200）**を指定して、**変数img**をリサイズし、結果を**変数img**に入れろ**

変数target**と**変数path**を連結した結果を指定し、**変数img**を保存しろ**

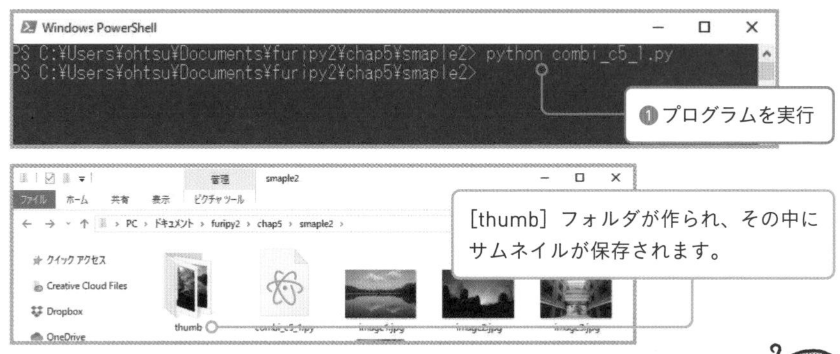

途中の数式は何なんですか？　minとかxとかのところ

あれは画像の中央部分を切り抜くためにやってるんだ

たいていの画像は縦長か横長です。そこから正方形で切り抜くには短い辺の長さを基準にする必要があるので、組み込み関数のmin関数を使って、幅と高さのうち短いほうを変数sizeに入れます。次にトリミング範囲の左上の位置を求め、変数xとyに入れます。この位置は画像の幅または高さから変数sizeを引き、それを2で割ると求められます。

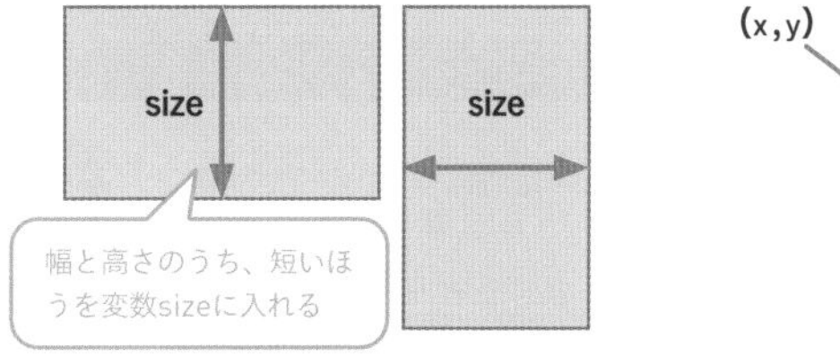


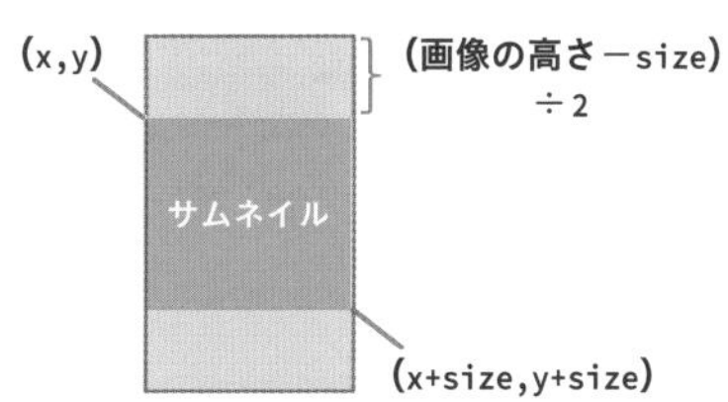

図形慣れしていないと、(x, y) を求める計算が難しいかもしれないね。上の図を見ながら考えてみよう

5
画像を扱う
文例①

合体

F1 + F13 + F15 + D2 + I1 + I2 + I8 + I10

# 写真にファイル作成日を載せる

今回はファイル作成日を調べて、それを画像の上に書き込んでみよう

昔のデジカメにはそういう機能ありましたねー

## どんなプログラム？

ファイルの作成日を画像に書き込みます。写真の撮影日は画像ファイルに含まれているとは限らないため、ファイル情報を使用しています。

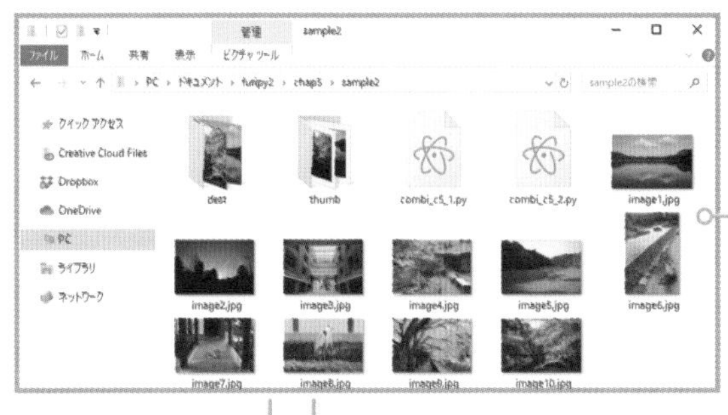


JPEG 形式の画像をいくつか入れておきます。

プログラムを実行すると[dest] フォルダが作られ、その中に日付入りの写真が保存されます。

次の8つの文例を合体して作ります。

- **F1：フォルダ内のファイルを繰り返し処理する**
- **F13：フォルダを作成する**
- **F15：ファイルの最終更新日時を調べる**
- **D2：日付データを指定した書式の日付文字列にする**
- **I1：画像ファイルを開く**
- **I2：画像を保存する**
- **I8：イメージに描き込むためのオブジェクトを作る**
- **I10：画像に文字列を書き込む**

プログラムの前半では、保存先フォルダの作成、フォントの読み込みなどの準備をして、JPEGファイルを取得します。フォントは「arial」、サイズは40としていますが、OSErrorが出る場合はフォントを変更してください。

■chap5/sample2/combi_c5_2.py（前半）

```
  から PILモジュール 取り込め Imageオブジェクト ImageDrawオブジェクト
from PIL import Image, ImageDraw, 折り返し
ImageFontオブジェクト
ImageFont
  から datetimeモジュール 取り込め datetimeオブジェクト
from datetime import datetime
  から pathlibモジュール 取り込め Pathオブジェクト
from pathlib import Path
 変数current 入れろ Path作成
current = Path()
 変数target 入れろ Path作成 文字列「dest」
target = Path('dest')
 変数target フォルダ作成 引数exist_okにブール値True
target.mkdir(exist_ok=True)
変数fnt 入れろ ImageFontオブジェクト truetype取得 文字列「arial」 数値40
fnt = ImageFont.truetype('arial', 40)
……の間 変数path 内 変数current パス取得 文字列「*.jpg」 以下を繰り返せ
for path in current.glob('*.jpg'):
```

### 読み下し文

1 PILモジュールからImageオブジェクトとImageDrawオブジェクトとImageFontオブジェクトを取り込め

2 datetimeモジュールからdatetimeオブジェクトを取り込め

3 pathlibモジュールからPathオブジェクトを取り込め

4 Pathオブジェクトを作成し、変数currentに入れろ

5 文字列「dest」を指定してPathオブジェクトを作成し、変数targetに入れろ

6 引数exist_okにブール値Trueを指定して、変数targetのフォルダを作成しろ

7 文字列「arial」と数値40を指定して、ImageFontオブジェクトのtruetypeフォントを取得し、結果を変数fntに入れろ

8 文字列「*.jpg」を指定して変数current内のパスを取得し、変数pathに順次入れる間、以下を繰り返せ

文例F15で解説したPath.statメソッドでファイルの作成日を取得します。st_mtimeプロパティの代わりにst_ctimeプロパティを使うことで、ファイルの最終更新日ではなく作成日を取得できます。datetimeオブジェクトに変換したら、文例D2で「年/月/日」形式の日付文字列を作成します。あとは文例I10を参考にして日付文字列を画像に書き込み、ファイルを保存します。

■chap5/sample2/combi_c5_2.py（後半）

```
        変数st_ctime  入れろ 変数path  情報取得  作成日時
4字下げ st_ctime = path.stat().st_ctime
        変数ctime  入れろ  datetimeオブジェクト  タイムスタンプから作成
4字下げ ctime = datetime.fromtimestamp(
                変数st_ctime
            st_ctime)
        変数datestr  入れろ  フォーマット文字列「{ctime:%Y/%m/%d}」
4字下げ datestr = f'{ctime:%Y/%m/%d}'
        変数img 入れろ Imageオブジェクト 開け  変数path
4字下げ img = Image.open(path)
```

変数draw 入れろ ImageDrawオブジェクト 描画準備 変数img

```
14 (4字下げ)    draw = ImageDraw.Draw(img)
```

変数draw テキスト描画 数値10 数値10 変数datestr 引数fontに変数fnt

```
15 (4字下げ)    draw.text((10, 10),datestr, font=fnt)
```

変数img 保存しろ 変数target 連結 変数path

```
16 (4字下げ)    img.save(target / path)
```

読み下し文

9 変数pathから情報を取得し、その作成日時を変数st_ctimeに入れろ

10 変数st_ctimeを指定して、datetimeオブジェクトを利用してタイムスタンプ
11 からdatetimeオブジェクトを作成し、変数ctimeに入れろ

12 フォーマット文字列「{ctime:%Y/%m/%d}」を変数datestrに入れろ

13 変数pathを指定してImageオブジェクトを開き、結果を変数imgに入れろ

14 変数imgを指定してImageDrawオブジェクトで描画準備し、結果を変数drawに入れろ

15 タプル（数値10, 数値10）と、変数datestrと、引数fontに変数fntを指定して、変数drawを使ってテキストを書け

16 変数targetと変数pathを連結した結果を指定し、変数imgを保存しろ

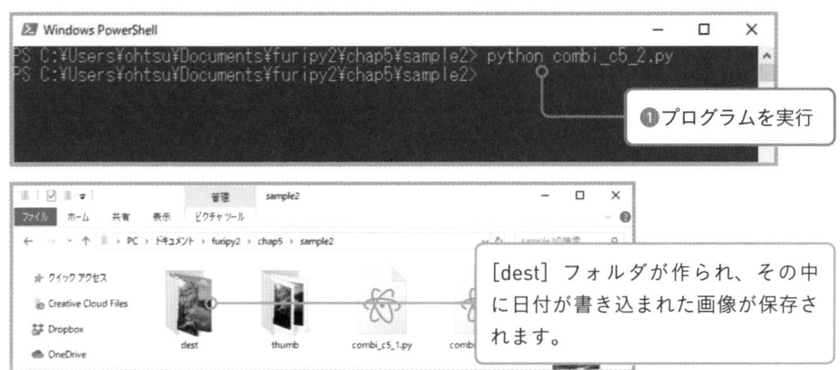


日付を書き込む場所なんですけど、画像の右下が普通な気がしませんか？

5 画像を扱う 文例❶

もちろん画像の右下にも書き込めるよ。でも左上に書き込むよりちょっと計算が面倒になる

画像のサイズは一定ではありません。横長のものも縦長のものもあります。そのため、右下に書き込む場合は画像のサイズに合わせて位置を変えなければいけません。

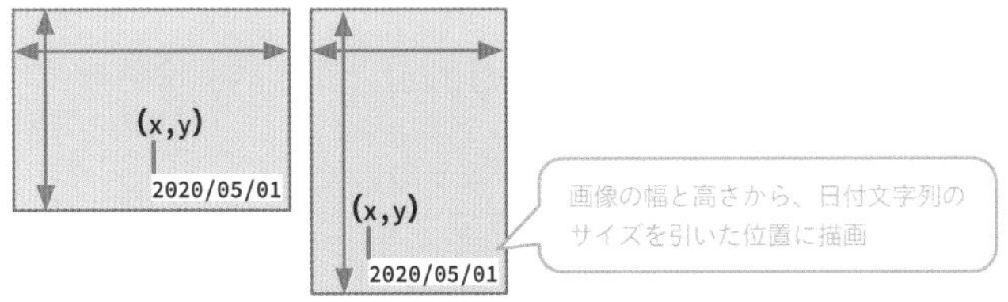


■ chap5/sample2/combi_c5_2ex.py（抜粋）

```
    変数draw 入れろ ImageDrawオブジェクト 描画準備 変数img
14 [4字下げ] draw = ImageDraw.Draw(img)
    変数draw テキスト描画 変数img 幅 引く 数値210
15 [4字下げ] draw.text((img.width - 210,
    変数img 高さ 引く 数値50
16                 img.height - 50),
    変数datestr 引数fontに変数fnt
17                datestr, font=fnt)
    変数img 保存しろ 変数target 連結 変数path
18 [4字下げ] img.save(target / path)
```

読み下し文

14 変数imgを指定してImageDrawオブジェクトで描画準備し、結果を変数drawに入れろ

15 16 17 タプル（変数imgの幅引く数値210, 変数imgの高さ引く数値50）と、変数datestrと、引数fontに変数fntを指定して、変数drawを使ってテキストを書け

18 変数targetと変数pathを連結した結果を指定し、変数imgを保存しろ

幅と高さから引く理由はわかりますが、どうして引く値が210と50なんですか？

フォントのサイズは40ピクセルで、日付文字列は半角10文字でしょ。だから幅は40×10÷2で求められ、高さはそのまま40だ。ギリギリすぎると文字が読みにくいから、もう10ピクセルずつずらすと210と50になるわけだ

なるほどー。じゃあ、文字列の幅が単純計算で求められないときはどうしますか？　フォントによってはそうなることもありますよね？

文字列の幅がわからない場合は、ImageFont.getsizeメソッドを利用します。そのフォントを使って、引数に指定した文字列を描画したときのサイズが、幅と高さのタプルとして返されます。あとはそれを使って計算します。

```
size = fnt.getsize(datestr)
print(size)
```

幅と高さのタプルが変数sizeに入る

5 画像を扱う 文例❶

### Exifから写真の撮影日を取得する

デジタルカメラは、写真の撮影日の情報などを画像ファイルに記録しています。その情報の一種が、JPEG形式の画像に含まれるExif（エグジフ）です。Pillowにも、Exifを取り出すImage._getexifメソッドが用意されています。なお、写真をグラフィックスソフトなどで加工するとExifが消えてしまうことがあり、そのための対応が必要です。

_getexifメソッドを利用して取り出した撮影日は「年:月:日 時:分:秒」という形式の文字列です。Pythonの日付データとして扱うには、文例D2のdatetime.strptimeメソッドで変換する必要があります。サンプルプログラムを収録しているので、参考にしてください。

■chap5/sample3/combi_c5_2ex2.py（抜粋）

```
img = Image.open(path)
# Exif取り出し
exif = img._getexif()
# Exifの存在チェック
if exif:
    # 撮影日取り出し
    exifctime = exif[36868]
    print(exifctime)
    # datetimeオブジェクトに変換
    ctime = datetime.strptime(
        exifctime,
        '%Y:%m:%d %H:%M:%S')
    print(ctime)
    # 日付文字列に変換
    datestr = f'{ctime:%Y/%m/%d}'
```

```
Windows PowerShell
PS C:¥Users¥ohtsu¥Documents¥furipy2¥chap5¥sample3>
2016:12:13 19:53:25
2016-12-13 19:53:25
PS C:¥Users¥ohtsu¥Documents¥furipy2¥chap5¥sample3>
```

Exifから取り出した日付を表示します。

Chapter 

# データの集計・分析のための文例

P

NO 01

# データの集計・分析を助けるpandas

Pythonは機械学習やデータ分析でも有名だけど、そのデータ分析で使われるのがpandas（パンダス）だ

何でパンダスっていうんですか？　パンダ関係ですか？

「Panel Data s」の略らしいんだけど、今のバージョンでは由来になったPanelオブジェクトが廃止されてるんだよね

## 表形式のデータを扱うpandas

pandasは行／列からなる表形式のデータを扱うライブラリで、ビジネスユースで用途が近いものを挙げるとすれば表計算ソフトです。CSV（カンマ区切り）形式やExcelのファイルを読み込んで、行／列単位の編集を行い、統計計算を行うこともできます。機械学習を行う前段階で、データの整形を行う用途（前処理）でもよく使われます。

- **pandasドキュメントページ**
  https://pandas.pydata.org/docs/

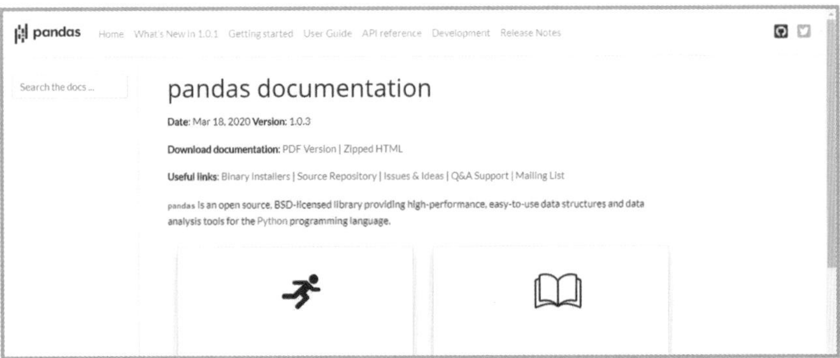

pandasでは、主にDataFrame（データフレーム）とSeries（シリーズ）というオブジェクトを使用します。DataFrameオブジェクトは1つの表（表計算ソフトのシート）を表し、Seriesオブジェクトは表内の1つの系列を表します。

DataFrameオブジェクト

ヘッダー（列見出し）

| | ○○○ | ○○○ | ○○○ | ○○○ |
|---|---|---|---|---|
| 0 | 000 | 000 | 000 | 000 |
| 1 | 000 | 000 | 000 | 000 |
| 2 | 000 | 000 | 000 | 000 |
| 3 | 000 | 000 | 000 | 000 |
| 4 | 000 | 000 | 000 | 000 |

インデックス（データ行の番号）

Seriesオブジェクト

## pandasのインストール

pandasはサードパーティ製のライブラリなので、pipコマンドなどでインストールする必要があります。本書ではpandas経由で利用するライブラリとしてxlrd（Excel読み込み）、openpyxl（Excel書き出し）、Matplotlib（グラフ描画）もインストールします。macOSユーザーはpip3コマンドを使うことを忘れないでください。

```
pip install pandas xlrd openpyxl matplotlib
```

データ分析とか難しそうですねー

ExcelやCSVのファイルを読み込んで、合計したりグラフ作ったりするだけだから、そんなに身構えなくてもいいよ

# CSVファイルを読み込む

変数path
**path** Pathオブジェクト

変数df　入れろ　pandasモジュール　CSVを読み込め　変数path

```
df = pandas.read_csv(path)
```

変数df　変数path
**df** DataFrameオブジェクト　**path** Pathオブジェクト

### インポート方法

```
import pandas
```

### pandas.read_csv関数の引数と戻り値

| | | |
|---|---|---|
| 引数filepath_or_buffer | str／Path | ファイルパスを表す文字列かPathオブジェクト |
| 引数sep | str | 区切り文字。省略時は「,」 |
| 引数header | int | 列見出しとする行。省略時は推測して設定 |
| 引数names | list | 列見出しがない場合に使用する列名のリスト |
| 引数index_col | int | 行見出しとして使用する列。省略時はインデックスの列が追加される |
| 戻り値 | DataFrame | DataFrameオブジェクトを返す |

DOC https://pandas.pydata.org/docs/reference/api/pandas.read_csv.html

## CSVファイルを読み込むpandas.read_csv関数

CSVファイルはテキストファイルの一種で、データを「,（カンマ）」で区切って記述します。CSVファイルを読み込むにはpandas.read_csv関数を使います。戻り値はDataFrameオブジェクトです。引数index_colを省略した場合、データ行には0から始まるインデックスが振られます。

■ chap6/sample1/p1.py

```
取り込め　pandasモジュール
import␣pandas
から　pathlibモジュール　取り込め　Pathオブジェクト
from␣pathlib␣import␣Path
変数path 入れろ Path作成　文字列「sample1.csv」
path = Path('sample1.csv')
変数df 入れろ pandasモジュール　CSVを読み込め　変数path
df = pandas.read_csv(path)
表示しろ　変数df
print(df)
```

読み下し文

1 pandasモジュールを取り込め

2 pathlibモジュールからPathオブジェクトを取り込め

3 文字列「sample1.csv」を指定してPathオブジェクトを作成し、変数pathに入れろ

4 変数pathを指定してpandasモジュールでCSVを読み込み、結果を変数dfに入れろ

5 変数dfを表示しろ

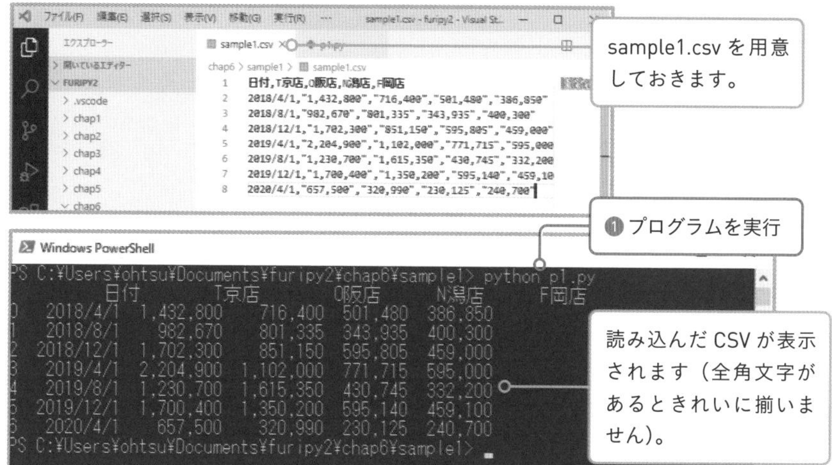

文例 P2

# Excelファイルを読み込む

変数path

path Pathオブジェクト

変数df 入れろ pandasモジュール Excelを読み込め

```
df = pandas.read_excel(
```

変数path 引数sheet_nameに数値0 引数headerに数値1

```
    path, sheet_name=0, header=1)
```

変数df

df DataFrameオブジェクト

変数path

path Pathオブジェクト

### インポート方法

```
import pandas
```

### pandas.read_excel関数の引数と戻り値

| | | |
|---|---|---|
| 引数io | str／Path | ファイルパスを表す文字列かPathオブジェクト |
| 引数sheet_name | str／int | 読み込むシートを表す番号もしくは文字列 |
| 引数header | int | 列見出しとする行。省略時は推測して設定 |
| 引数names | list | 列見出しがない場合に使用する列名のリスト |
| 引数usecols | str | 利用するセル範囲を指定。省略時は自動判定 |
| 戻り値 | DataFrame | DataFrameオブジェクトを返す |

DOC https://pandas.pydata.org/docs/reference/api/pandas.read_excel.html

## Excelファイルを読み込むpandas.read_excel関数

pandas.read_excel関数の利用方法はread_csv関数と似ていますが、読み込むシートと列見出しにする行の指定が必要です。引数headerに指定するのはExcelの行番号ではなく、読み込み対象と認識されたセル範囲内の先頭行を1とする番号です。必要なら引数usecolsにセル範囲も指定します。

■chap 6/sample 1/p2.py

```
    取り込め   pandasモジュール
import␣pandas
   から    pathlibモジュール    取り込め  Pathオブジェクト
from␣pathlib␣import␣Path
変数path 入れろ Path作成        文字列「sample1.xlsx」
path = Path('sample1.xlsx')
変数df 入れろ pandasモジュール     Excelを読み込め
df = pandas.read_excel(
         変数path        引数sheet_nameに数値0       引数headerに数値1
    path, sheet_name=0, header=1)
 表示しろ   変数df
print(df)
```

読み下し文

1 pandasモジュールを取り込め

2 pathlibモジュールからPathオブジェクトを取り込め

3 文字列「sample1.xlsx」を指定してPathオブジェクトを作成し、変数pathに入れろ

4 変数pathと引数sheet_nameに数値0と引数headerに数値1を指定してpandas
5 モジュールでExcelを読み込み、結果を変数dfに入れろ

6 変数dfを表示しろ

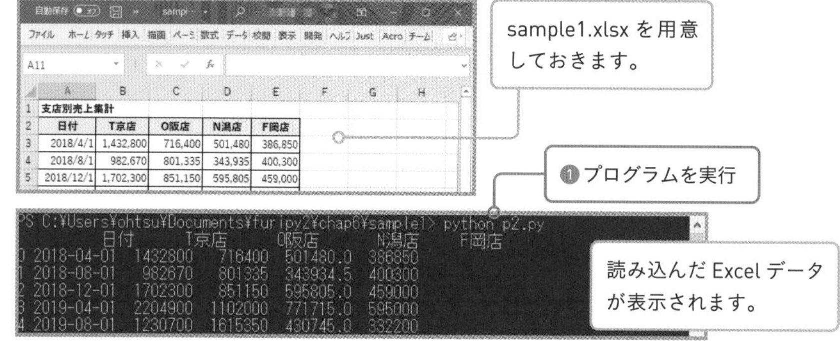

# CSVファイルを書き出す

```
変数df                                  変数path
df  DataFrameオブジェクト               path  Pathオブジェクト

変数df  csv書き出せ  変数path  引数indexにブール値False
df.to_csv(path, index=False)

変数df                                  変数path
df  DataFrameオブジェクト               path  Pathオブジェクト
```

### インポート方法

```
import pandas
```

### DataFrame.to_csvメソッドの引数

| | | |
|---|---|---|
| 引数path_or_buf | str／Path | ファイルパスを表す文字列かPathオブジェクト |
| 引数sep | str | 区切り文字。省略時は「,」 |
| 引数header | ブール値 | 列見出しの行を書き出すかどうか。省略時はTrue |
| 引数index | ブール値 | インデックスを書き出すかどうか。省略時はTrue |

DOC https://pandas.pydata.org/docs/reference/api/pandas.DataFrame.to_csv.html

## CSVファイルを書き出すDataFrame.to_csvメソッド

CSVファイルを書き出すにはDataFrameオブジェクトのto_csvメソッドを使います。区切り文字などの指定が可能です。p3.pyではsample1.csvを読み込んで、それをsample1x.csvとして書き出しています。

■chap6/sample1/p3.py

```
取り込め  pandasモジュール
import pandas

から  pathlibモジュール  取り込め  Pathオブジェクト
from pathlib import Path
```

変数path 入れろ Path作成 文字列「sample1.csv」

```
3 path = Path('sample1.csv')
```

変数df 入れろ pandasモジュール CSVを読み込め 変数path

```
4 df = pandas.read_csv(path)
```

変数path 入れろ Path作成 文字列「sample1x.csv」

```
5 path = Path('sample1x.csv')
```

変数df csv書き出せ 変数path 引数indexにブール値False

```
6 df.to_csv(path, index=False)
```

読み下し文

1 pandasモジュールを取り込め

2 pathlibモジュールからPathオブジェクトを取り込め

3 文字列「sample1.csv」を指定してPathオブジェクトを作成し、変数pathに入れろ

4 変数pathを指定してpandasモジュールでCSVを読み込み、結果を変数dfに入れろ

5 文字列「sample1x.csv」を指定してPathオブジェクトを作成し、変数pathに入れろ

6 変数pathと引数indexにブール値Falseを指定して変数dfをCSV形式で書き出せ

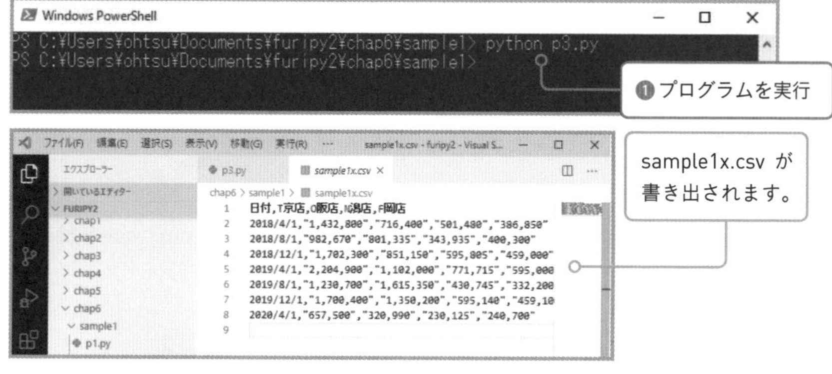

引数indexにFalseを指定しているのは、インデックス付きで書き出すと、次にread_csv関数で読み込んだときに、さらにインデックスが付いてしまうからなんだ

```
変数df                                変数path
df  DataFrameオブジェクト              path  Pathオブジェクト
変数df  Excel書き出せ  変数path  引数indexにブール値False
df.to_excel(path, index=False)
変数df                                変数path
df  DataFrameオブジェクト              path  Pathオブジェクト
```

### インポート方法

```
import pandas
```

### DataFrame.to_excelメソッドの引数

| | | |
|---|---|---|
| 引数excel_writer | str／Path | ファイルパスを表す文字列かPathオブジェクト |
| 引数sheet_name | str | シート名。省略時は「Sheet1」 |
| 引数header | ブール値 | 列見出しの行を書き出すかどうか。省略時はTrue |
| 引数index | ブール値 | インデックスを書き出すかどうか。省略時はTrue |

DOC https://pandas.pydata.org/docs/reference/api/pandas.DataFrame.to_excel.html

## Excelファイルを書き出すDataFrame.to_excelメソッド

Excelファイルを書き出すにはDataFrameオブジェクトのto_excelメソッドを使います。区切り文字などの指定が可能です。p4.pyではsample1.csvを読み込んで、それをsample1x.xlsxとして書き出しています。

■ chap6/sample1/p4.py

```
取り込め pandasモジュール
import pandas
から pathlibモジュール 取り込め Pathオブジェクト
from pathlib import Path
```

```
変数path 入れろ Path作成 文字列「sample1.csv」
path = Path('sample1.csv')
変数df 入れろ pandasモジュール CSVを読み込め 変数path
df = pandas.read_csv(path)
変数path 入れろ Path作成 文字列「sample1x.xlsx」
path = Path('sample1x.xlsx')
変数df Excel書き出せ 変数path 引数indexにブール値False
df.to_excel(path, index=False)
```

読み下し文

1 pandasモジュールを取り込め

2 pathlibモジュールからPathオブジェクトを取り込め

3 文字列「sample1.csv」を指定してPathオブジェクトを作成し、変数pathに入れろ

4 変数pathを指定してpandasモジュールでCSVを読み込み、結果を変数dfに入れろ

5 文字列「sample1x.xlsx」を指定してPathオブジェクトを作成し、変数pathに入れろ

6 変数pathと引数indexにブール値Falseを指定して変数dfをExcel形式で書き出せ

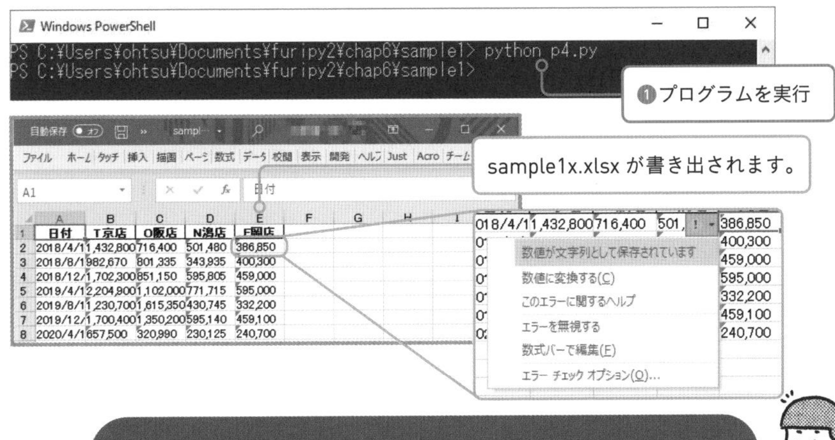


セルに何かエラーの緑三角形が表示されてますね

日付や数値が文字列になってるせいだ。次の文例で直すよ

6 データの集計・分析のための文例

文例 **P5**

# CSVファイル読み込み時に日付と数値を変換する

変数path
path Pathオブジェクト

変数df 入れろ pandasモジュール CSVを読み込め
変数path 引数parse_datesにリスト［文字列「日付」］
引数thousandsに文字列「,」

```
df = pandas.read_csv(
    path, parse_dates=['日付'],
    thousands=',')
```

変数df
df DataFrameオブジェクト

変数path
path Pathオブジェクト

### インポート方法

```
import pandas
```

### pandas.read_csv関数の引数と戻り値

| | | |
|---|---|---|
| 引数parse_dates | リスト | 日付データに変換したい列名のリスト |
| 引数thousands | str | 数値を3桁区切りするために使う文字列 |
| 戻り値 | DataFrame | DataFrameオブジェクトを返す |

DOC https://pandas.pydata.org/docs/reference/api/pandas.read_csv.html

## 日付や数値が文字列になってしまうときの対処法

pandas.read_csv関数で読み込むときに、日付や数値が文字列と認識されてしまうことがあります。例えば、"1,432,800"のように3桁ごとにカンマで区切られた数値は文字列と見なされます。そのままだと計算処理に問題が起きてしまうので、read_csv関数の引数を指定して日付や数値として読み込まれるようにします。

■chap6/sample1/p5.py

```
  取り込め  pandasモジュール
import␣pandas
  から  pathlibモジュール  取り込め  Pathオブジェクト
from␣pathlib␣import␣Path
 変数path 入れろ Path作成  文字列「sample1.csv」
path = Path('sample1.csv')
変数df 入れろ pandasモジュール  CSVを読み込め
df = pandas.read_csv(
        変数path     引数parse_datesにリスト[文字列「日付」]
    path, parse_dates=['日付'],
         引数thousandsに文字列「,」
    thousands=',')
  表示しろ  変数df  文字列「日付」
print(df['日付'])
  表示しろ  変数df  文字列「T京店」
print(df['T京店'])
```

読み下し文

1 pandasモジュールを取り込め

2 pathlibモジュールからPathオブジェクトを取り込め

3 文字列「sample1.csv」を指定してPathオブジェクトを作成し、変数pathに入れろ

4 5 6 変数pathと引数parse_datesにリスト[文字列「日付」]と引数thousandsに文字列「,」を指定してpandasモジュールでCSVを読み込み、結果を変数dfに入れろ

7 変数dfの列「日付」を表示しろ

8 変数dfの列「T京店」を表示しろ

Windows PowerShell

```
PS C:¥Users¥ohtsu¥Documents¥furipy2¥chap6¥sample1> python p5.py
0   2018-04-01
1   2018-08-01
2   2018-12-01
3   2019-04-01
4   2019-08-01
5   2019-12-01
```

❶プログラムを実行

sample1.csv の列を表示すると日付や数値になっていることが確認できます。

文例 P6

# 表の行と列を転置する

```
変数df
df DataFrameオブジェクト
変数dft 入れろ 変数df 転置
dft = df.T
変数dft                        変数df
dft DataFrameオブジェクト  df DataFrameオブジェクト
```

インポート方法

```
import pandas
```

DOC https://pandas.pydata.org/docs/reference/api/pandas.DataFrame.T.html

## 表を転置するDataFrame.Tプロパティ

横に長いデータのままでは扱いにくい場合は、行と列を入れ替えることができます。この処理を表の転置（transpose）といいます。pandasで表を転置するには、DataFrame.Tプロパティを利用します。

■chap 6/sample 1/p6.py

```
取り込め pandasモジュール
import pandas
から pathlibモジュール 取り込め Pathオブジェクト
from pathlib import Path
変数path 入れろ Path作成 文字列「sample3.csv」
path = Path('sample2.csv')
変数df 入れろ pandasモジュール CSVを読み込め 変数path 引数index_colに数値0
df = pandas.read_csv(path, index_col=0)
```

```
変数dft 入れろ 変数df 転置
dft = df.T
  表示しろ     変数dft
print(dft)
```

## 読み下し文

1 pandasモジュールを取り込め

2 pathlibモジュールからPathオブジェクトを取り込め

3 文字列「sample2.csv」を指定してPathオブジェクトを作成し、変数pathに入れろ

4 変数pathと引数index_colに数値0を指定してpandasモジュールでCSVを読み込み、結果を変数dfに入れろ

5 変数dfの転置を変数dftに入れろ

6 変数dftを表示しろ

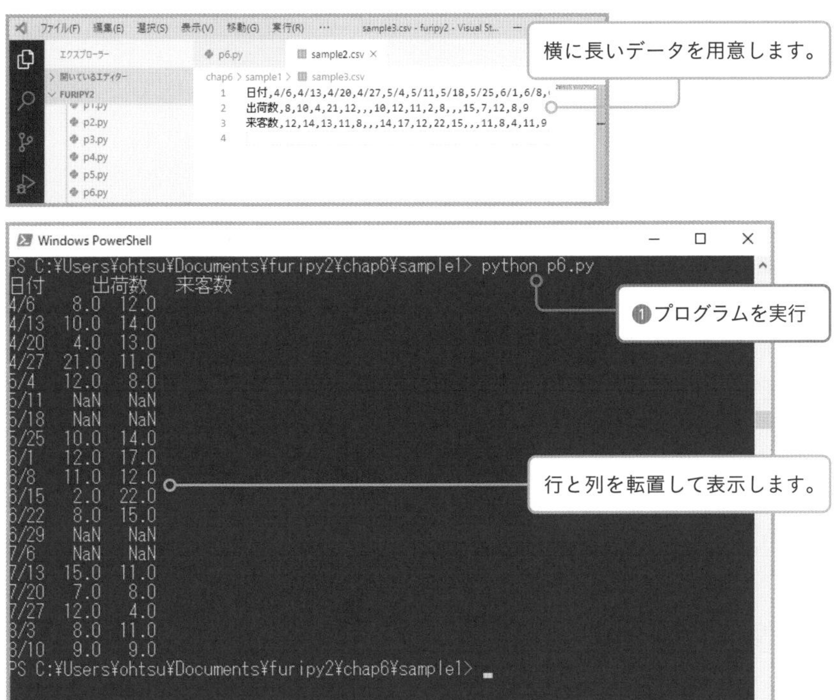

文例 P7

# 1列分の合計を求める

```
変数df
df DataFrameオブジェクト

変数srs 入れろ 変数df 文字列「T京店」
srs = df['T京店']

変数ttl 入れろ 合計しろ 変数srs
ttl = sum(srs)

変数ttl                              変数srs
ttl intオブジェクト                  srs Seriesオブジェクト
```

sum関数の引数と戻り値

| | | |
|---|---|---|
| 引数iterable | iterable | リストなどのiterableなオブジェクト |
| 戻り値 | int/float | 合計を返す |

DOC https://docs.python.org/ja/3/library/functions.html#sum

## 1列の合計は組み込み関数で求められる

DataFrameオブジェクトは辞書のように利用することができ、df['列名']のように書くと1列分のSeriesオブジェクトを取り出すことができます。Seriesはiterableなオブジェクトなので、合計を求めたい場合は組み込み関数のsum関数を利用できます。

■chap6/sample1/p7.py

```
取り込め pandasモジュール
import pandas

から pathlibモジュール 取り込め Pathオブジェクト
from pathlib import Path

変数path 入れろ Path作成 文字列「sample1.csv」
path = Path('sample1.csv')
```

```
変数df 入れろ pandasモジュール CSVを読み込め
df = pandas.read_csv(
    変数path 引数parse_datesにリスト[文字列「日付」]
    path, parse_dates=['日付'],
    引数thousandsに文字列「,」
    thousands=',')
変数srs 入れろ 変数df 文字列「T京店」
srs = df['T京店']
変数ttl 入れろ 合計しろ 変数srs
ttl = sum(srs)
表示しろ フォーマット文字列「合計：{ttl}」
print(f'合計：{ttl}')
```

読み下し文

1 pandasモジュールを取り込め

2 pathlibモジュールからPathオブジェクトを取り込め

3 文字列「sample1.csv」を指定してPathオブジェクトを作成し、変数pathに入れろ

4 5 6 変数pathと引数parse_datesにリスト[文字列「日付」]と引数thousandsに文字列「,」を指定してpandasモジュールでCSVを読み込み、結果を変数dfに入れろ

7 変数dfの列「T京店」を変数srsに入れろ

8 変数srsの合計を求め、結果を変数ttlに入れろ

9 フォーマット文字列「合計：{ttl}」を表示しろ

Seriesがiterableなオブジェクトってことは、len関数やfor文とも組み合わせられるってことですよね

文例 P8

# 行／列ごとの合計を求める

```
変数df
df DataFrameオブジェクト

変数ttl 入れろ 変数df 合計しろ 引数axisに数値1
ttl = df.sum(axis=1)

変数ttl                  変数df
ttl intオブジェクト      df DataFrameオブジェクト
```

### インポート方法

```
import pandas
```

### DataFrame.sumメソッドの引数と戻り値

| | | |
|---|---|---|
| 引数axis | int | 1を指定すると横に合計。省略時は0（縦） |
| 戻り値 | Series／DataFrame | 合計のSeriesまたはDataFrameオブジェクトを返す |

DOC https://pandas.pydata.org/docs/reference/api/pandas.DataFrame.sum.html

## 方向を指定して合計できるDataFrame.sumメソッド

DataFrame.sumメソッドを使うと、列または行の合計をまとめて求められます。引数axisに1を指定した場合は横方向（行ごと）、0を指定した場合は縦方向（列ごと）の合計となります。

■chap6/sample1/p8.py

```
取り込め pandasモジュール
import pandas

から pathlibモジュール 取り込め Pathオブジェクト
from pathlib import Path

変数path 入れろ Path作成 文字列「sample1.csv」
path = Path('sample1.csv')
```

```
変数df 入れろ pandasモジュール CSVを読み込め
df = pandas.read_csv(
    変数path 引数parse_datesにリスト[文字列「日付」]
    path, parse_dates=['日付'],
    引数thousandsに文字列「,」
    thousands=',')
変数ttl 入れろ 変数df 合計しろ 引数axisに数値1
ttl = df.sum(axis=1)
表示しろ 変数ttl
print(ttl)
```

読み下し文

1 pandasモジュールを取り込め

2 pathlibモジュールからPathオブジェクトを取り込め

3 文字列「sample1.csv」を指定してPathオブジェクトを作成し、変数pathに入れろ

4
5
6 変数pathと引数parse_datesにリスト［文字列「日付」］と引数thousandsに文字列「,」を指定してpandasモジュールでCSVを読み込み、結果を変数dfに入れろ

7 引数axisに数値1を指定して変数dfの合計を求め、結果を変数ttlに入れろ

8 変数ttlを表示しろ

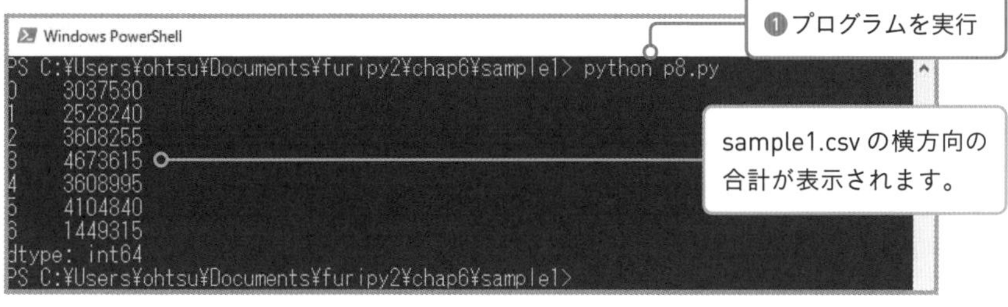

ttl[0]のように指定すると1つの合計値だけを取り出せるぞ。引数axisを省略した結果も確認してみてね

# 文例 P9 辞書データからDataFrameオブジェクトを作る

変数dct
dct dictオブジェクト

変数df 入れる pandasモジュール DataFrame作成 変数dct
```
df = pandas.DataFrame(dct)
```

変数df df DataFrameオブジェクト　変数dct dct dictオブジェクト

**インポート方法**

```
import pandas
```

**pandas.DataFrameコンストラクタの引数と戻り値**

| | | |
|---|---|---|
| 引数data | dict | DataFrameの元となる辞書やiterableなオブジェクト、既存のDataFrameオブジェクトなどを指定 |
| 引数index | list | インデックスにするデータのリスト |
| 戻り値 | DataFrame | DataFrameオブジェクトを返す |

DOC https://pandas.pydata.org/docs/reference/api/pandas.DataFrame.html

## pandas.DataFrameコンストラクタでオブジェクトを作る

pandas.DataFrameコンストラクタを使うと、辞書やリストをもとにしてDataFrameオブジェクトを作ることができます。インデックスが必要な場合は、引数indexに行見出しのリストを指定してください。

■ chap6/sample1/p9.py

取り込め pandasモジュール
```
import pandas
```
変数dct 入れろ
```
dct = {
```

```
        キー「T京店」    数値1230700   数値1700400   数値657500
    'T京店': [1230700, 1700400, 657500],
        キー「O阪店」    数値1615350   数値1350200   数値320990
    'O阪店': [1615350, 1350200, 320990]

}
変数df 入れろ pandasモジュール DataFrame作成 変数dct
df = pandas.DataFrame(dct)
 表示しろ 変数df
print(df)
```

読み下し文

pandasモジュールを取り込め

辞書{キー「T京店」とリスト[数値1230700, 数値1700400, 数値657500],

キー「O阪店」とリスト[数値1615350, 数値1350200, 数値320990]}を

変数dctに入れろ

変数dctを指定してpandasモジュールのDataFrameオブジェクトを作成し、変数dfに入れろ

変数dfを表示しろ

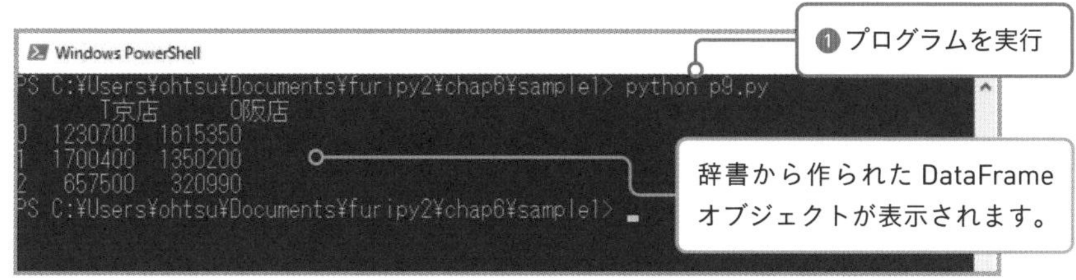

辞書のキーが列見出しになって、リストがその中のデータになるんだよ

# 複数のDataFrameを連結する

```
変数df                               変数df2
df DataFrameオブジェクト          df2 DataFrameオブジェクト

変数df 入れろ pandasモジュール 連結しろ 変数df 変数df2
df = pandas.concat([df, df2])

変数df                               変数df2
df DataFrameオブジェクト          df2 DataFrameオブジェクト
```

インポート方法

```
import pandas
```

pandas.concat関数の引数と戻り値

| | | |
|---|---|---|
| 引数objs | list | 連結するDataFrameまたはSeriesのリスト |
| 引数axis | int | 1を指定すると横に連結。省略時は0（縦） |
| 戻り値 | DataFrame | DataFrameオブジェクトを返す |

DOC https://pandas.pydata.org/docs/reference/api/pandas.concat.html

## DataFrameを連結するpandas.concat関数

pandas.concat関数でDataFrameやSeriesを連結できます。引数axisで連結する方向を指定します。

■chap6/sample1/p10.py

```
取り込め pandasモジュール
import pandas

から pathlibモジュール 取り込め Pathオブジェクト
from pathlib import Path
```

```
変数path 入れろ Path作成 文字列「sample1.csv」
path = Path('sample1.csv')
変数df 入れろ pandasモジュール CSVを読み込め 変数path
df = pandas.read_csv(path)
変数path 入れろ Path作成 文字列「sample3.csv」
path = Path('sample3.csv')
変数df2 入れろ pandasモジュール CSVを読み込め 変数path
df2 = pandas.read_csv(path)
変数df 入れろ pandasモジュール 連結しろ 変数df 変数df2
df = pandas.concat([df, df2])
表示しろ 変数df
print(df)
```

読み下し文

1 pandasモジュールを取り込め

2 pathlibモジュールからPathオブジェクトを取り込め

3 文字列「sample1.csv」を指定してPathオブジェクトを作成し、変数pathに入れろ

4 変数pathを指定してpandasモジュールでCSVを読み込み、結果を変数dfに入れろ

5 文字列「sample3.csv」を指定してPathオブジェクトを作成し、変数pathに入れろ

6 変数pathを指定してpandasモジュールでCSVを読み込み、結果を変数df2に入れろ

7 リスト［変数df, 変数df2］を指定してpandasモジュールで連結し、結果を変数dfに入れろ

8 変数dfを表示しろ

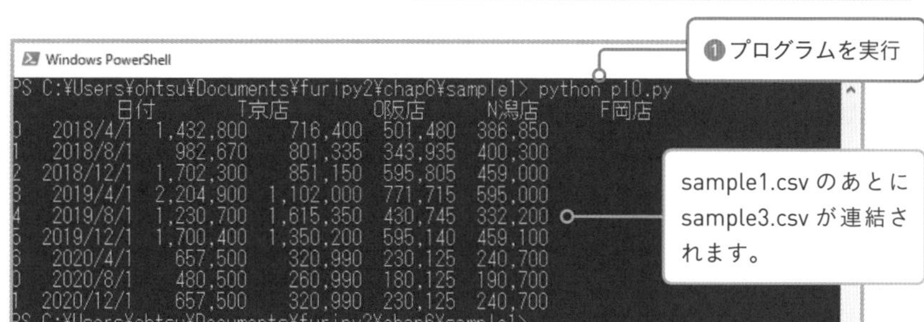

# 列や行を削除する

```
変数df
df DataFrameオブジェクト

変数df 入れろ 変数df 落とせ 文字列「T京店」 引数axisに数値1
df = df.drop('T京店', axis=1)

変数df
df DataFrameオブジェクト
```

インポート方法

```
import pandas
```

DataFrame.dropメソッドの引数と戻り値

| | | |
|---|---|---|
| 引数labels | str／list | 削除したい行／列を表すラベル（見出し） |
| 引数axis | int | 1を指定すると列を削除。省略時は0（行） |
| 戻り値 | DataFrame | DataFrameオブジェクトを返す |

DOC https://pandas.pydata.org/docs/reference/api/pandas.DataFrame.drop.html

## データを削除するDataFrame.dropメソッド

DataFrame.dropメソッドは指定した行または列を削除します。削除する方向は引数axisで指定します。

■chap6/sample1/p11.py

```
取り込め pandasモジュール
import pandas

から pathlibモジュール 取り込め Pathオブジェクト
from pathlib import Path
```

```
変数path 入れろ Path作成       文字列「sample1.csv」
path = Path('sample1.csv')
変数df 入れろ pandasモジュール CSVを読み込め 変数path
df = pandas.read_csv(path)
変数df 入れろ 変数df 落とせ 文字列「T京店」 引数axisに数値1
df = df.drop('T京店', axis=1)
表示しろ 変数df
print(df)
```

読み下し文

1 pandasモジュールを取り込め

2 pathlibモジュールからPathオブジェクトを取り込め

3 文字列「sample1.csv」を指定してPathオブジェクトを作成し、変数pathに入れろ

4 変数pathを指定してpandasモジュールでCSVを読み込み、結果を変数dfに入れろ

5 文字列「T京店」と引数axisに数値1を指定して変数dfからデータを落とし、結果を変数dfに入れろ

6 変数dfを表示しろ

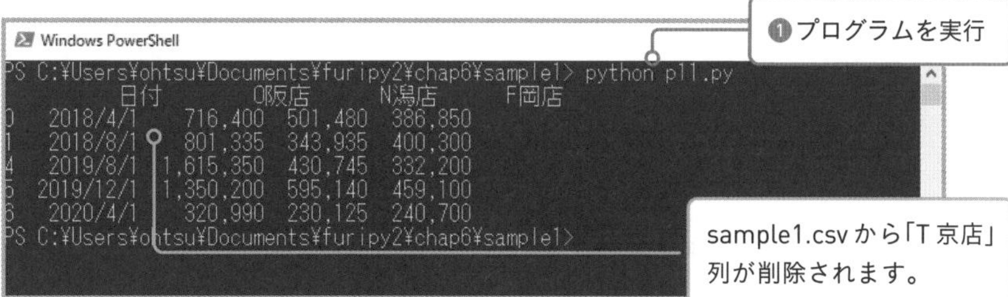


❶プログラムを実行

sample1.csvから「T京店」列が削除されます。

行を削除するときは、引数にインデックスを指定しよう

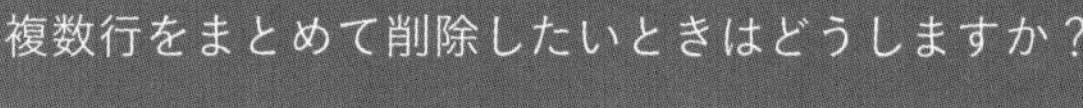

リストで「drop([2,3])」と指定すればできるよ

文例 P12

# 日付の連続データを作る

```
dti = pandas.date_range(
    '2020-4-1', periods=4, freq='7D'
)
```

- 変数dti 入れろ pandasモジュール 日付範囲作成
- 文字列「2020-4-1」 引数periodsに数値4 引数freqに文字列「7D」

変数dti

dti DatetimeIndexオブジェクト

### インポート方法

```
import pandas
```

### pandas.date_range関数の引数と戻り値

| | | |
|---|---|---|
| 引数start | str／datetime | 開始日時 |
| 引数end | str／datetime | 終了日時 |
| 引数periods | int | 生成数 |
| 引数freq | str | 増分を表す文字列（「1D」「5H」）。省略時は「D」 |
| 戻り値 | DatetimeIndex | DatetimeIndexオブジェクトを返す |

DOC https://pandas.pydata.org/docs/reference/api/pandas.date_range.html?highlight=date_range

## pandas.date_range関数で連続する日付を作成する

統計データでは連続する日付や時刻が必要になることがあります。それを生成するのがpandas.date_range関数です。戻り値のDatetimeIndexオブジェクトは、DataFrameオブジェクトのインデックスなどに使用できます。

関数名はdate_rangeですが、引数freqに「1H」(時) や「1T」(分)、「1s」(秒) などを指定すると連続する時刻を作成できます。

■chap6/sample1/p12.py

```
   取り込め    pandasモジュール
import pandas
変数dti 入れろ pandasモジュール    日付範囲作成
dti = pandas.date_range(
          文字列「2020-4-1」    引数periodsに数値4    引数freqに文字列「7d」
    '2020-4-1', periods=4, freq='7D'
)
変数dct 入れろ    キー「週」    数値1 数値2 数値3 数値4
dct = {'週': [1, 2, 3, 4]}
変数df 入れろ pandasモジュール DataFrame作成    変数dct    引数indexに変数dti
df = pandas.DataFrame(dct, index=dti)
 表示しろ   変数df
print(df)
```

読み下し文

1 pandasモジュールを取り込め

2 文字列「2020-4-1」と引数periodsに数値4と引数freqに文字列「7D」を

3 指定してpandasモジュールで日付範囲を作成し、変数dtiに入れろ

4

5 辞書{キー「週」とリスト[数値1, 数値2, 数値3, 数値4]}を変数dctに入れろ

6 変数dctと引数indexに変数dtiを指定してpandasモジュールのDataFrameオブジェクトを作成し、変数dfに入れろ

7 変数dfを表示しろ

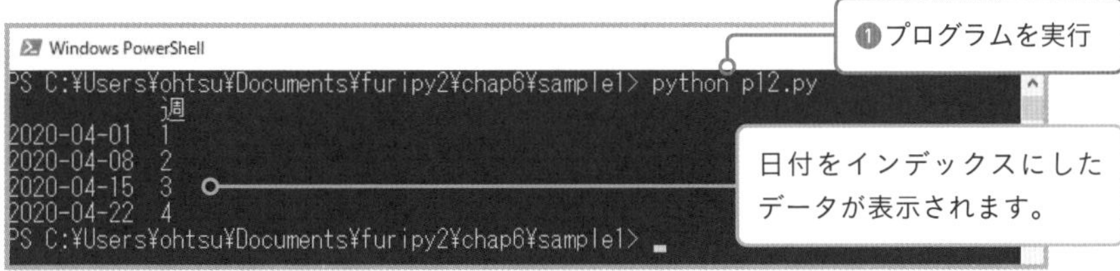


6 データの集計・分析のための文例 P

文例 P13

# 累積和を求める

```
変数df
df  DataFrameオブジェクト

変数df 入れろ 変数df 累積和を求めろ
df = df.cumsum()

変数df
df  DataFrameオブジェクト
```

### インポート方法

```
import pandas
```

### DataFrame.cumsumメソッドの引数と戻り値

| | | |
|---|---|---|
| 引数axis | int | 0なら縦、1なら横方向で累積和を求める |
| 引数skipna | ブール値 | TrueならNaN（P.220参照）をスキップ |
| 戻り値 | DataFrame | 累積和のDataFrameオブジェクトを返す |

DOC https://pandas.pydata.org/pandas-docs/stable/reference/api/pandas.DataFrame.cumsum.html

## 累積和を求めるDataFrame.cumsumメソッド

入出金の記録から現在の収益を求めたい場合は、個々の入金、出金を足していく必要があります。これを累積和といい、pandasではDataFrame.cumsumメソッドで求められます。なお、元になるデータに文字列などが入っているとエラーになるので、必要に応じて表を加工してください。

■chap6/sample1/p13.py

```
取り込め pandasモジュール
import pandas

から pathlibモジュール 取り込め Pathオブジェクト
from pathlib import Path
```

```
変数path 入れろ Path作成 文字列「sample4.csv」
path = Path('sample4.csv')
変数df 入れろ pandasモジュール CSVを読み込め 変数path 引数index_colに数値0
df = pandas.read_csv(path, index_col=0)
変数df 入れろ 変数df 累積和を求めろ
df = df.cumsum()
表示しろ 変数df
print(df)
```

読み下し文

1 pandasモジュールを取り込め

2 pathlibモジュールからPathオブジェクトを取り込め

3 文字列「sample4.csv」を指定してPathオブジェクトを作成し、変数pathに入れろ

4 変数pathと引数index_colに数値0を指定してpandasモジュールでCSVを読み込み、結果を変数dfに入れろ

5 変数dfの累積和を求め、結果を変数dfに入れろ

6 変数dfを表示しろ

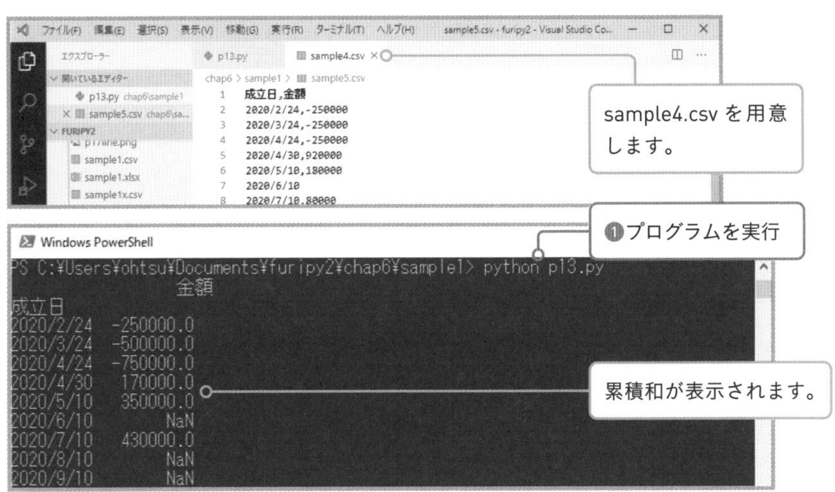

文例 P14

# 抜けた値を補間する

変数df

```
df DataFrameオブジェクト
```

変数df 入れろ 変数df 補間しろ

```
df = df.interpolate()
```

変数df

```
df DataFrameオブジェクト
```

### インポート方法

```
import pandas
```

### DataFrame.interpolateメソッドの引数と戻り値

| 引数method | str | 補間方式を指定する。省略時はlinear（線形補間） |
|---|---|---|
| 戻り値 | DataFrame | 累積和のDataFrameオブジェクトを返す |

DOC https://pandas.pydata.org/pandas-docs/stable/reference/api/pandas.DataFrame.interpolate.html

## 欠損値を補間するDataFrame.interpolateメソッド

表の一部に抜けているデータがあると、DataFrameオブジェクトではNaN（Not a Number）と表示されます。これを「欠損値」といいます。欠損値があると集計結果が変わったり、折れ線グラフが途切れたりするため、補う方法がいくつか用意されています。その1つが、前後のデータを参考に値を補間するDataFrame.interpolateメソッドです。

p14.pyでは、p13.pyでも利用したsample4.csvを読み込んでいます。このCSVファイルには数値が入力されていない行がいくつかあり、その部分はNaNになりますが、それをinterpolateメソッドで補間します。

■chap6/sample1/p14.py

```
取り込め　pandasモジュール
import pandas

から　pathlibモジュール　取り込め　Pathオブジェクト
from pathlib import Path

変数path　入れろ　Path作成　文字列「sample4.csv」
path = Path('sample4.csv')

変数df　入れろ　pandasモジュール　CSVを読み込め　変数path　引数index_colに数値0
df = pandas.read_csv(path, index_col=0)

変数df　入れろ　変数df　補間しろ
df = df.interpolate()

表示しろ　変数df
print(df)
```

読み下し文

1 pandasモジュールを取り込め

2 pathlibモジュールからPathオブジェクトを取り込め

3 文字列「sample4.csv」を指定してPathオブジェクトを作成し、変数pathに入れろ

4 変数pathと引数index_colに数値0を指定してpandasモジュールでCSVを読み込み、結果を変数dfに入れろ

5 変数dfを補間して、結果を変数dfに入れろ

6 変数dfを表示しろ

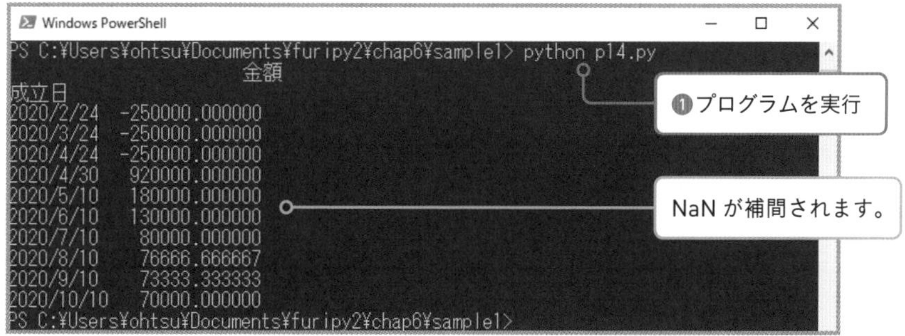

# DataFrameオブジェクトからグラフを作る

```
変数df
df  DataFrameオブジェクト

変数df プロットしろ
df.plot()

pltオブジェクト表示しろ
plt.show()
```

インポート方法

```
import pandas
import matplotlib.pyplot as plt
```

DataFrame.plotメソッドの引数と戻り値

| | | |
|---|---|---|
| 引数kind | str | グラフの種類を表す文字列。省略時はline（折れ線） |
| 戻り値 | Axes | matplotlib.axes.Axesを返す |

DOC https://pandas.pydata.org/docs/reference/api/pandas.DataFrame.plot.html

## Matplotlibを利用してグラフを描画する

DataFrame.plotメソッドはMatplotlib（マットプロットリブ）を利用して手軽にグラフを描画できます。Matplotlibは、Pythonでグラフなどを描画するためのライブラリです。Matplotlibは細かくグラフの体裁を調整できますが、多機能な分、覚えることも増えます。単にグラフを表示するだけであれば、DataFrame.plotメソッドのほうが簡単です。

棒グラフや円グラフなどいろいろな種類に対応しているけど、折れ線グラフを作るのが一番簡単だよ

■chap6/sample1/p15.py

```
    取り込め　pandasモジュール
1 import␣pandas
    取り込め　matplotlibモジュール　pyplotモジュール　として　pltオブジェクト
2 import␣matplotlib.pyplot␣as␣plt
    から　pathlibモジュール　取り込め　Pathオブジェクト
3 from␣pathlib␣import␣Path
    変数path　入れろ　Path作成　文字列「sample5.csv」
4 path = Path('sample5.csv')
    変数df　入れろ　pandasモジュール　CSVを読み込め
5 df = pandas.read_csv(
    変数path　引数parse_datesにリスト［文字列「Date」］
6     path, parse_dates=['Date'],
    引数index_colに数値0　引数thousandsに文字列「,」
7     index_col=0, thousands=',')
    変数df　プロットしろ
8 df.plot()
    pltオブジェクト　表示しろ
9 plt.show()
```

読み下し文

1 pandasモジュールを取り込め

2 matplotlibモジュールのpyplotモジュールをpltオブジェクトとして取り込め

3 pathlibモジュールからPathオブジェクトを取り込め

4 文字列「sample5.csv」を指定してPathオブジェクトを作成し、変数pathに入れろ

5 変数pathと引数parse_datesにリスト［文字列「Date」］と引数index_colに数値
6 0と引数thousandsに文字列「,」を指定してpandasモジュールでCSVを読み込み、
7 結果を変数dfに入れろ

8 変数dfをプロットしろ

9 pltオブジェクトを表示しろ

ちゃんとグラフにするためには、数値が正しく認識されなければいけません。文例P5を参考に、pandas.read_csvメソッドで読み込む際に日付と数値が変換されるよう指定します。また、日付の列（Date）がインデックスになるよう引数index_colに数値0（最初の列）を指定します。

今回使用するsample5.csvは、半角英数字のみで構成されたファイルです。Matplotlibの初期設定で設定されているフォントでは、日本語が文字化けしてしまうためです。

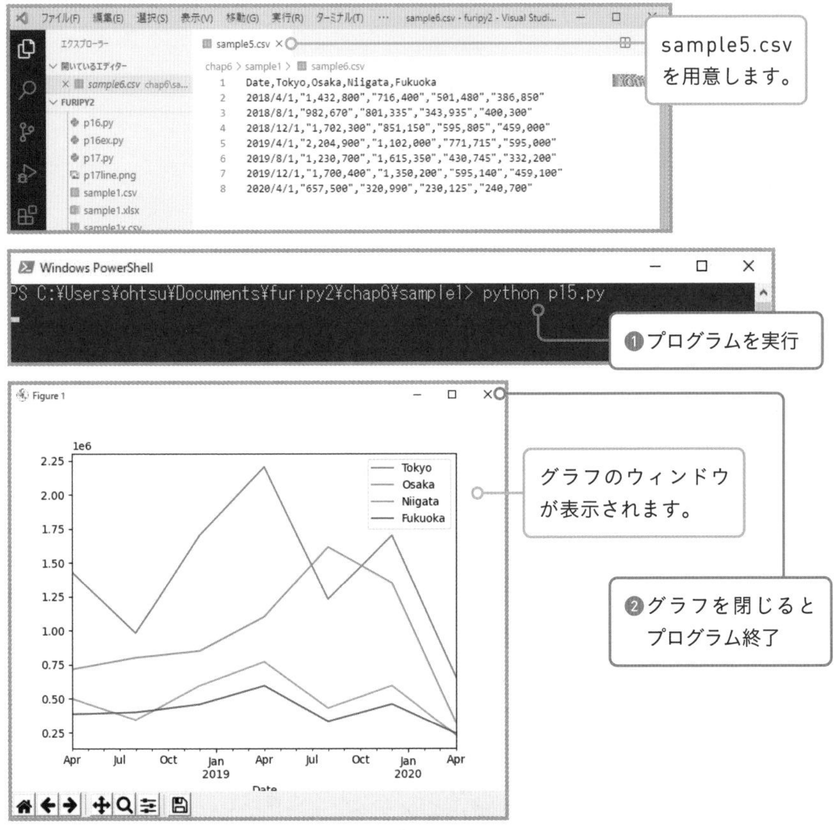


plotメソッドの引数を指定しない場合、折れ線グラフが表示されます。

plotメソッドの引数kindに「bar」を指定すると棒グラフを表示できます。ただし、今回のデータで棒グラフを表示すると日付のラベルが正しく表示できないため、日付を文字列のままで読み込むようにします。

p15.pyの一部を次のように変更してください。

変数df 入れろ pandasモジュール CSVを読み込め

```
df = pandas.read_csv(
```

変数path 引数index_colに数値0 引数thousandsに文字列「,」

```
    path, index_col=0, thousands=',')
```

変数df プロットしろ 引数kindに文字列「bar」

```
df.plot(kind='bar')
```

読み下し文

変数pathと引数index_colに数値0と引数thousandsに文字列「,」を指定してpandasモジュールでCSVを読み込み、結果を変数dfに入れろ

引数kindに文字列「bar」を指定して変数dfをプロットしろ

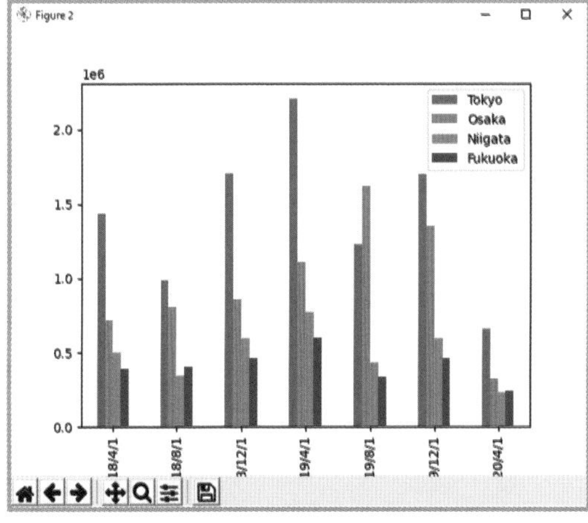


プログラムを実行すると棒グラフのウィンドウが表示されます。

でも日本語が表示できないのはいただけないですねー

Matplotlibのグラフに日本語フォントを設定する手順は、複雑なので本書では割愛します。日本語化するライブラリとして「japanize-matplotlib」などもありますので、必要な方は検索してみてください。

文例 P16

# グラフの軸の書式を設定する

変数ax

ax　Axesオブジェクト

変数ax　y軸　主目盛りの書式を設定しろ

tickerオブジェクト　StrMethodFormatter作成　文字列「'{x:.0f}'」

```
ax.yaxis.set_major_formatter(
  ticker.StrMethodFormatter('{x:.0f}'))
```

インポート方法

```
from matplotlib import ticker
```

Axis.set_major_formatterメソッドの引数

| 引数formatter | Formatter | 軸の書式を指定するFormatterを指定する |
|---|---|---|

DOC https://matplotlib.org/3.1.1/api/_as_gen/matplotlib.axis.Axis.set_major_formatter.html

## 数値軸の表示形式を設定する

DataFrame.plotメソッドでグラフを作成すると、数値軸に「1e6」などと表示されます。これは科学計算向けの単位表示で10の6乗を意味しており、数値が1.0であれば10万という意味です。今回のサンプルで使用しているような入出金額のグラフでは不自然なので、一般的な数値の表記に変更しましょう。

軸の書式を設定するには、DataFrame.plotメソッドが返すAxesオブジェクトから、xaxisまたはyaxisプロパティでAxisオブジェクトを取得し、そのset_major_formatterメソッドを使用します。ちなみにAxis（アクシス）とは「軸」のことで、Axes（アクシズ）はその複数形です。

また、set_major_formatterメソッドの引数には「○○Formatter」というオブジェクトを指定します。今回の文例で使用するStrMethodFormatterオブジェクトは、フォーマット文字列と同じ書式で数値表記を指定します。「{x:.0f}」は、変数xを小数点以下なしで表示するという意味です。

Axesから Axisとか、何だかまぎらわしいですねー

p16.pyは、p15.pyに対し、StrMethodFormatterが所属するtickerモジュールのインポートとset_major_formatterメソッドの呼び出しを加えています。

■ chap 6/sample 1/p16.py

```
取り込め pandasモジュール
import␣pandas
取り込め matplotlibモジュール pyplotモジュール として pltオブジェクト
import␣matplotlib.pyplot␣as␣plt
から matplotlibモジュール 取り込め tickerオブジェクト
from␣matplotlib␣import␣ticker
から pathlibモジュール 取り込め Pathオブジェクト
from␣pathlib␣import␣Path
変数path 入れろ Path作成 文字列「sample5.csv」
path = Path('sample5.csv')
変数df 入れろ pandasモジュール CSVを読み込め
df = pandas.read_csv(
    変数path 引数parse_datesにリスト[文字列「Date」]
    path, parse_dates=['Date'],
    引数index_colに数値0 引数thousandsに文字列「,」
    index_col=0, thousands=',')
変数ax 入れろ 変数df プロットしろ
ax = df.plot()
変数ax y軸 主目盛りの書式を設定しろ
ax.yaxis.set_major_formatter(
    tickerオブジェクト StrMethodFormatter作成 文字列「{x:.0f}」
    ticker.StrMethodFormatter('{x:.0f}'))
pltオブジェクト 表示しろ
plt.show()
```

### 読み下し文

pandasモジュールを取り込め

matplotlibモジュールのpyplotモジュールをpltオブジェクトとして取り込め

matplotlibモジュールからtickerオブジェクトを取り込め

pathlibモジュールからPathオブジェクトを取り込め

文字列「sample5.csv」を指定してPathオブジェクトを作成し、変数pathに入れろ

変数pathと引数parse_datesにリスト［文字列「Date」］と引数index_colに数値0と引数thousandsに文字列「,」を指定してpandasモジュールでCSVを読み込み、結果を変数dfに入れろ

変数dfをプロットして、結果を変数axに入れろ

文字列「{x:.0f}」を指定してtickerオブジェクトのStrMethodFormatterオブジェクトを作成し、変数axのy軸の主目盛りの書式を設定しろ

pltオブジェクトを表示しろ

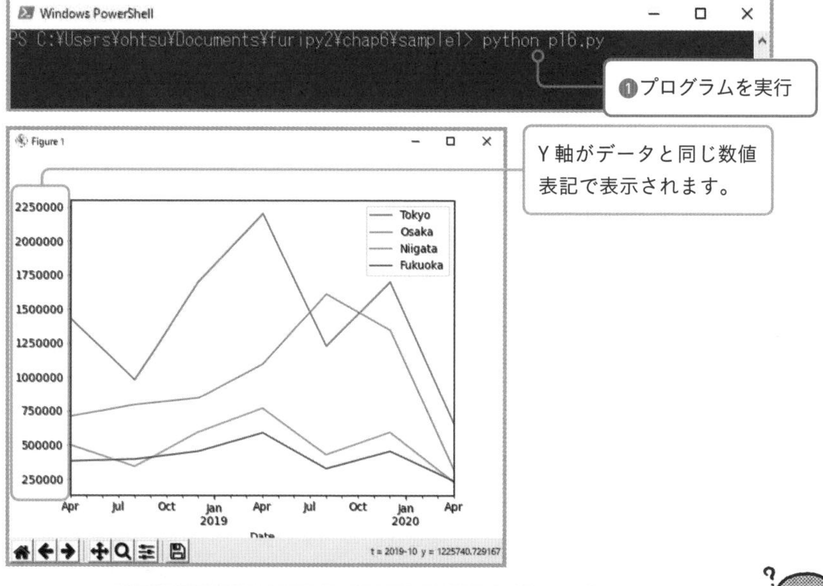


これ、日付の軸は変更できないんですか？

DateFormatterオブジェクトというのがあるよ

DateFormatterオブジェクトでは、引数に日付の書式文字列（文例D2参照）を設定します。データによってはplotメソッドの引数に「x_compat=True」を指定してX軸の自動調整を無効にしないとうまくいかないことがあります。

取り込め　matplotlibモジュール　datesモジュール　として　mdatesオブジェクト

```
4  import matplotlib.dates as mdates
   ...
```

変数ax　入れろ　変数df　プロットしろ　引数x_compatにブール値True

```
10 ax = df.plot(x_compat=True)
   ...
```

変数ax　x軸　主目盛りの書式を設定しろ

```
13 ax.xaxis.set_major_formatter(
```

mdatesオブジェクト　DateFormatter作成　文字列「%y-%m」

```
14     mdates.DateFormatter('%y-%m'))
```

読み下し文

4 matplotlibモジュールのdatesモジュールをmdatesオブジェクトとして取り込め

10 引数x_compatにブール値Trueを指定して変数dfをプロットして、結果を変数axに入れろ

13 文字列「%y-%m」を指定してmdatesオブジェクトのDateFormatterオブジェク
14 トを作成し、変数axのx軸の主目盛りの書式を設定しろ

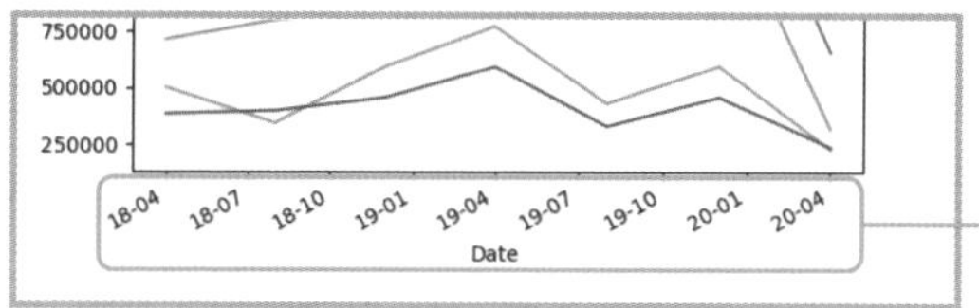


X軸の日付が「2桁の年数-月」で表示されます。

文例 P17

# グラフを画像として保存する

変数path

```
path Pathオブジェクト
```

pltオブジェクト 画像を保存しろ 変数path

```
plt.savefig(path)
```

インポート方法

```
import pandas
```

```
import matplotlib.pyplot as plt
```

matplotlib.pyplot.savefigメソッドの引数

| 引数fname | Path／str | 保存ファイルのパスを表すPathオブジェクトまたは文字列 |
|---|---|---|

DOC https://matplotlib.org/api/_as_gen/matplotlib.pyplot.savefig.html

## グラフを画像として保存するsavefigメソッド

グラフを画像として保存するには、DataFrame.plotメソッドを呼び出したあとで、pyplot.savefigメソッドを呼び出します。

■chap6/sample1/p17.py

取り込め pandasモジュール

```
import␣pandas
```

取り込め matplotlibモジュール pyplotモジュール として pltオブジェクト

```
import␣matplotlib.pyplot␣as␣plt
```

から pathlibモジュール 取り込め Pathオブジェクト

```
from␣pathlib␣import␣Path
```

変数path 入れろ Path作成 文字列「sample5.csv」

```
path = Path('sample5.csv')
```

```
変数df 入れろ pandasモジュール CSVを読み込め
df = pandas.read_csv(
    変数path 引数parse_datesにリスト［文字列「Date」］
    path, parse_dates=['Date'],
    引数index_colに数値0 引数thousandsに文字列「,」
    index_col=0, thousands=',')
変数df プロットしろ
df.plot()
変数path 入れろ Path作成 文字列「p17line.png」
path = Path('p17line.png')
pltオブジェクト 画像を保存しろ 変数path
plt.savefig(path)
```

読み下し文

1 pandasモジュールを取り込め

2 matplotlibモジュールのpyplotモジュールをpltオブジェクトとして取り込め

3 pathlibモジュールからPathオブジェクトを取り込め

4 文字列「sample5.csv」を指定してPathオブジェクトを作成し、変数pathに入れろ

5 変数pathと引数parse_datesにリスト［文字列「Date」］と引数index_colに数値0と
6 引数thousandsに文字列「,」を指定してpandasモジュールでCSVを読み込み、結
7 果を変数dfに入れろ

8 変数dfをプロットしろ

9 文字列「p17line.png」を指定してPathオブジェクトを作成し、変数pathに入れろ

10 変数pathを指定してpltオブジェクトを画像として保存しろ

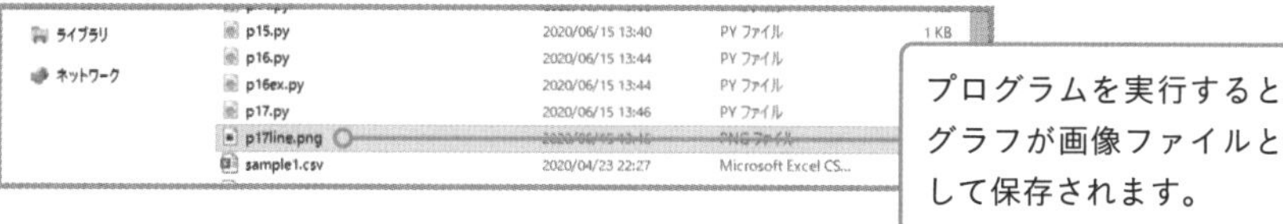


プログラムを実行するとグラフが画像ファイルとして保存されます。

合体

D1 + P4 + P9 + P12

# 1カ月分の日付の表をExcelファイルに書き出す

今月の日付が入ったExcelファイルを作るぞ。スケジュール表に使ったりするといいかも

ふつーにExcelで作ったほうがよくないですか？

まぁ、そういわず。pandasで生成したデータをExcel化する参考にはなるよ

## どんなプログラム？

今日の日付から、その月の1日と翌月の1日を求め、連続する日付を作ります。それをDataFrameオブジェクトにしてExcelファイルを書き出します。

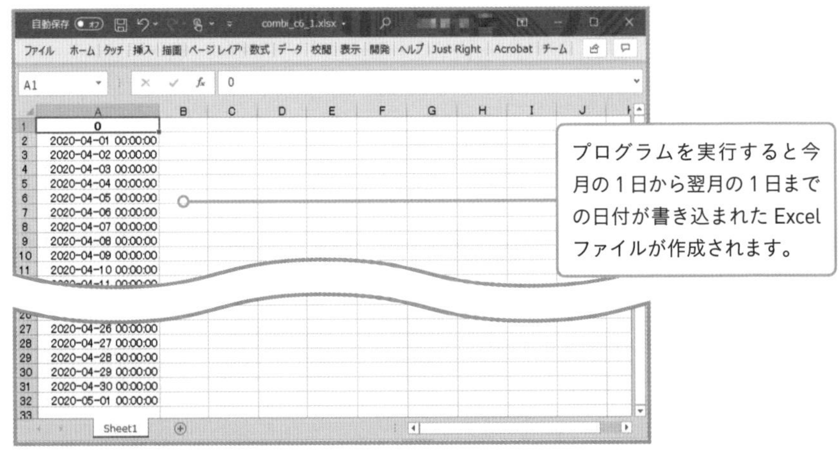

次の4つの文例を合体して作ります。

- **D1：現在の日時を取得する**
- **P4：Excelファイルに書き出す**
- **P9：辞書データからDataFrameオブジェクトを作る**
- **P12：日付の連続データを作る**

Chapter 2の合体文例でも使用した、datetime.todayメソッドを使って現在の日時を取得し、そこから今月の1日と翌月の1日を求めて、変数startと変数endに入れます。単純に月数に1を足すと13月ができる恐れがあるため、12の剰余（割った余り）に1を足します。

■chap6/sample1/combi_c6_1.py（前半）

```
取り込め pandasモジュール
import pandas
から pathlibモジュール 取り込め Pathオブジェクト
from pathlib import Path
から datetimeモジュール 取り込め datetimeオブジェクト
from datetime import datetime
変数today 入れろ datetimeオブジェクト 今の日時を取得
today = datetime.today()
変数start 入れろ datetime作成 変数today 年
start = datetime(today.year,
                                  変数today 月 数値1
                                  today.month, 1)
変数endm 入れろ 変数today 月 剰余 数値12 足す 数値1
endm = today.month % 12 + 1
変数end 入れろ datetime作成 変数today 年 変数endm 数値1
end = datetime(today.year, endm, 1)
```

読み下し文

1 pandasモジュール**を取り込め**

2 pathlibモジュール**から**Pathオブジェクト**を取り込め**

```
datetimeモジュールからdatetimeオブジェクトを取り込め
datetimeオブジェクトを利用して今の日時を取得し、変数todayに入れろ
変数todayの年と変数todayの月と数値1を指定してdatetimeオブジェクトを作成し、
変数startに入れろ
変数todayの月を数値12で割った余りを求め、数値1を足して変数endmに入れろ
変数todayの年と変数endmと数値1を指定してdatetimeオブジェクトを作成し、
変数endに入れろ
```

文例P12のpandas.date_range関数を使って、変数startから変数endの間の日付を生成します。文例P12では引数periodsで生成する日付の数を指定しましたが、今回は引数end（第2引数）で終了日を指定します。増分は1日にするので引数freqに文字列「1D」を指定します。

生成した日付範囲をもとにDataFrameオブジェクトを作成し、それをExcelファイルとして保存します。

■chap6/sample1/combi_c6_1.py（後半）

```
変数dti 入れろ pandasモジュール 日付範囲作成
dti = pandas.date_range(
    変数start 変数end 引数freqに文字列「1D」
    start, end, freq='1D')
変数df 入れろ pandasモジュール DataFrame作成 変数dti
df = pandas.DataFrame(dti)
表示しろ 変数df
print(df)
変数path 入れろ Path作成 文字列「combi_c6_1.xlsx」
path = Path('combi_c6_1.xlsx')
変数df Excel書き出せ 変数path 引数indexにブール値False
df.to_excel(path, index=False)
```

### 読み下し文

9 変数startと変数endと引数freqに文字列「1D」を指定してpandasモジュールで
10 日付範囲を作成し、変数dtiに入れろ

11 変数dtiを指定してpandasモジュールのDataFrameオブジェクトを作成し、変数dfに入れろ

12 変数dfを表示しろ

13 文字列「combi_c6_1.xlsx」を指定してPathオブジェクトを作成し、変数pathに入れろ

14 変数pathと引数indexにブール値Falseを指定して変数dfをExcel形式で書き出せ

変数dtiのみでDataFrameオブジェクトを作成すると、1列だけのDataFrameオブジェクトとなり、それに自動生成されたインデックスが付けられた状態になります。状態を確認するために、Excelファイルに書き出す前にprint関数で表示しています。

Excelファイルに書き出すときはインデックスは不要なので、DataFrame.to_excelメソッドで書き出すときに引数indexにFalseを指定します。

日付の形式とか指定できないんですか？

文字列の日付にする手もあるけど、Excelの表示形式で書式を設定したほうが楽かもね

P5 + P8 + P10

# 合計列をDataFrameオブジェクトに追加する

文例P8は列の合計を求めるものだったよね。今回はそれをDataFrameオブジェクトに追加して1つの表にしよう

それだけ？　ちょっと小粒じゃないですか？

列の計算は大事だからね。復習も兼ねてやってみよう

## どんなプログラム？

まず、CSVファイルを読み込んでDataFrameオブジェクトにします。それを横方向で合計して、DataFrameオブジェクトの新しい列として追加します。

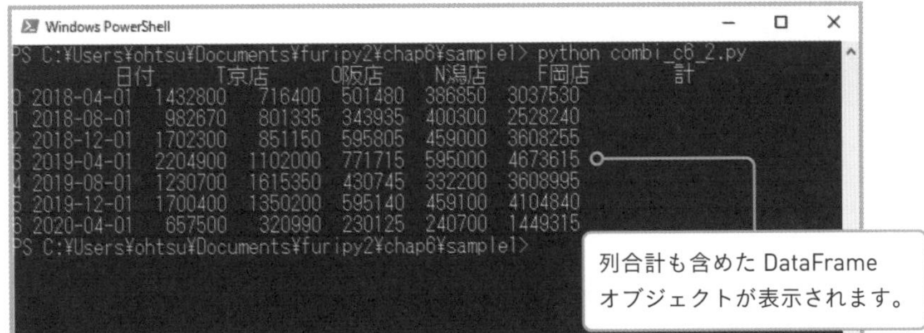


次の3つの文例を合体して作ります。

- **P5：CSVファイル読み込み時に日付と数値を変換する**
- **P8：行／列ごとの合計を求める**
- **P10：複数のDataFrameを連結する**

今回のプログラムは、ほぼ文例P5、P8、P10をつなぎ合わせただけです。新たなものとしては、変数ttlに入ったSeriesオブジェクトのnameプロパティを利用して名前を設定しています。これで合計列の名前を「計」にしています。

■chap 6/sample 1/combi_c 6_2.py

```
   取り込め pandasモジュール
1  import␣pandas
   から pathlibモジュール 取り込め Pathオブジェクト
2  from␣pathlib␣import␣Path
   変数path 入れろ Path作成 文字列「sample1.csv」
3  path = Path('sample1.csv')
   変数df 入れろ pandasモジュール CSVを読み込め
4  df = pandas.read_csv(
       変数path 引数parse_datesにリスト[文字列「日付」]
5      path, parse_dates=['日付'],
       引数thousandsに文字列「,」
6      thousands=',')
   変数ttl 入れろ 変数df 合計しろ 引数axisに数値1
7  ttl = df.sum(axis=1)
   変数ttl 名前 入れろ 文字列「計」
8  ttl.name = '計'
   変数df 入れろ pandasモジュール 連結しろ 変数df 変数ttl 引数axisに数値1
9  df = pandas.concat([df, ttl], axis=1)
   表示しろ 変数df
10 print(df)
```

読み下し文

1 pandasモジュールを取り込め

2 pathlibモジュールからPathオブジェクトを取り込め

3 文字列「sample1.csv」を指定してPathオブジェクトを作成し、変数pathに入れろ

4 5 6 変数pathと引数parse_datesにリスト[文字列「日付」]と引数thousandsに文字列「,」を指定してpandasモジュールでCSVを読み込み、結果を変数dfに入れろ

7 引数axisに数値1を指定して変数dfの合計を求め、結果を変数ttlに入れろ

8 文字列「計」を変数ttlの名前に入れろ

9 リスト［変数df, 変数ttl］と引数axisに数値1を指定してpandasモジュールで連結し、結果を変数dfに入れろ

10 変数dfを表示しろ

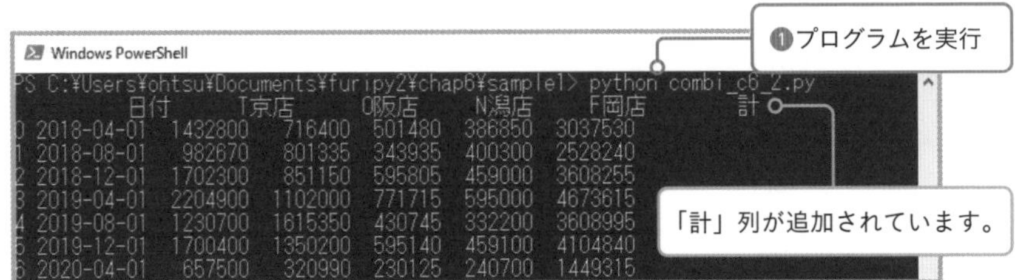

合計はだいたいわかりました。合計じゃなくて、足し算とか引き算とかしたい場合もあるんですが、それはどうしたらいいんですか？

普通の数値計算と同じく、計算の演算子でできるよ

df['列名']と書くと、1列分のSeriesオブジェクトを取り出すことができます。Seriesオブジェクト同士で計算すると、対応する値同士で計算されます。Seriesオブジェクトと数値の間で計算すると、Seriesオブジェクト内の各値と数値が計算されます。

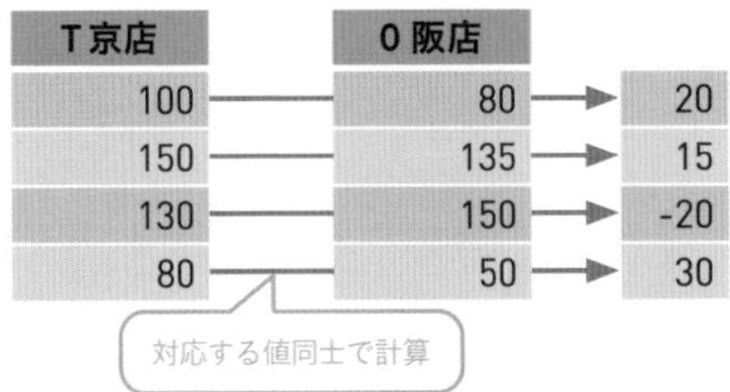


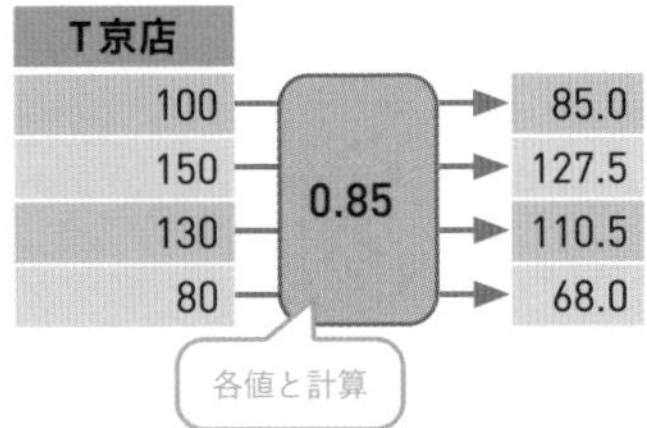

どちらの場合も、計算によって元のデータが書き換わることはなく、計算結果のSeriesオブジェクトが返されます。

実際にやってみましょう。combi_c6_2.pyの最後に次の2行を追加してください。

表示しろ　変数df　文字列「T京店」　引く　変数df　文字列「O阪店」

```
print(df['T京店'] - df['O阪店'])
```

表示しろ　変数df　文字列「T京店」　掛ける　数値0.85

```
print(df['T京店'] * 0.85)
```

読み下し文

11 変数dfの列「T京店」から変数dfの列「O阪店」を引いた結果を表示しろ

12 変数dfの列「T京店」に数値0.85を掛けた結果を表示しろ

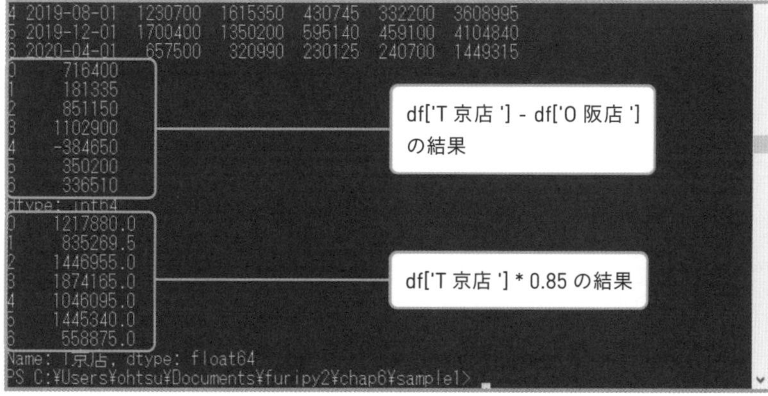

これが理解できるといろいろな計算ができるようになるぞ

ところで、ずっと気になっていたんですけど、print関数でDataFrameオブジェクトを表示すると、日本語の列名がズレるのはどうにかならないんですか？

そこは自分で調べてみよう。「pandas print 整形」などのキーワードでWeb検索すると答えが見つかるはずだよ

合体

F1 + F8 + P2 + P10 + P13 + P14 + P15

# 複数のExcelファイルのデータを連結してグラフを作る

いよいよ最後の合体文例。複数ファイルを扱うちょっとだけ複雑なものだ

## どんなプログラム？

仕事の入出金額とその成立日が記録されたExcelファイルを集計します。1ファイルで1案件です。入金（収入）と出金（支払い）の累積和を求めると、利益（または損失）が求められるのでそれをグラフ化します。

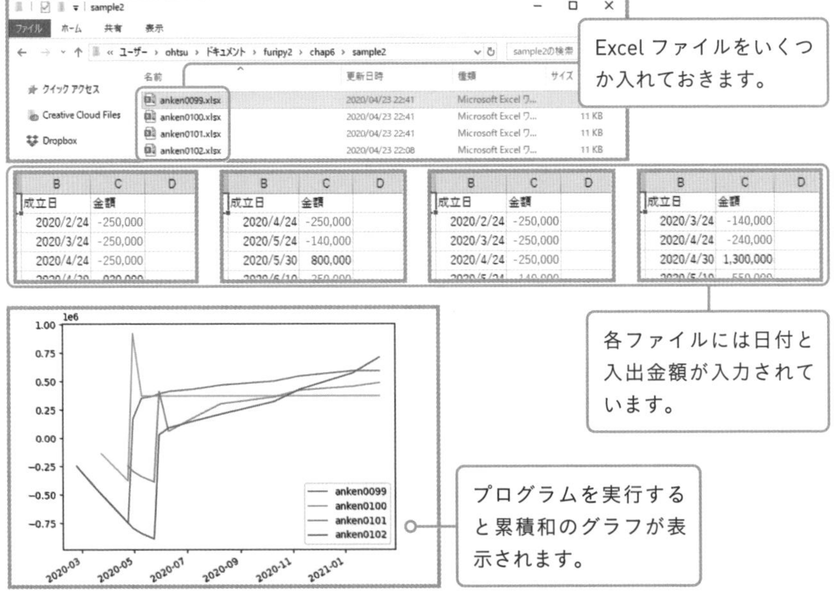


次の7つの文例を合体して作ります。

- F1：フォルダ内のファイルを繰り返し処理する
- F8：ファイル名や拡張子を取り出す
- P2：Excelファイルを読み込む
- P10：複数のDataFrameを連結する
- P13：累積和を求める
- P14：抜けた値を補間する
- P15：DataFrameオブジェクトからグラフを作る

前半のExcelファイルを順番に読み込む処理は、ほとんどがテキストファイルや画像ファイルの処理で使用してきたとおりですが、2つ重要な点があります。

1つは空のDataFrameオブジェクトを作成して、マージ用の変数dfmgに入れていることです。ここにデータを連結していきます。

もう1つはファイル名に「~$」が含まれていたら、continue文で処理をスキップしていることです。「~$○○.xlsx」はExcelでファイルを開いているときに作られる一時ファイルで、これをpandasで開こうとするとエラーになります。

■chap6/sample2/combi_c6_3.py（前半）

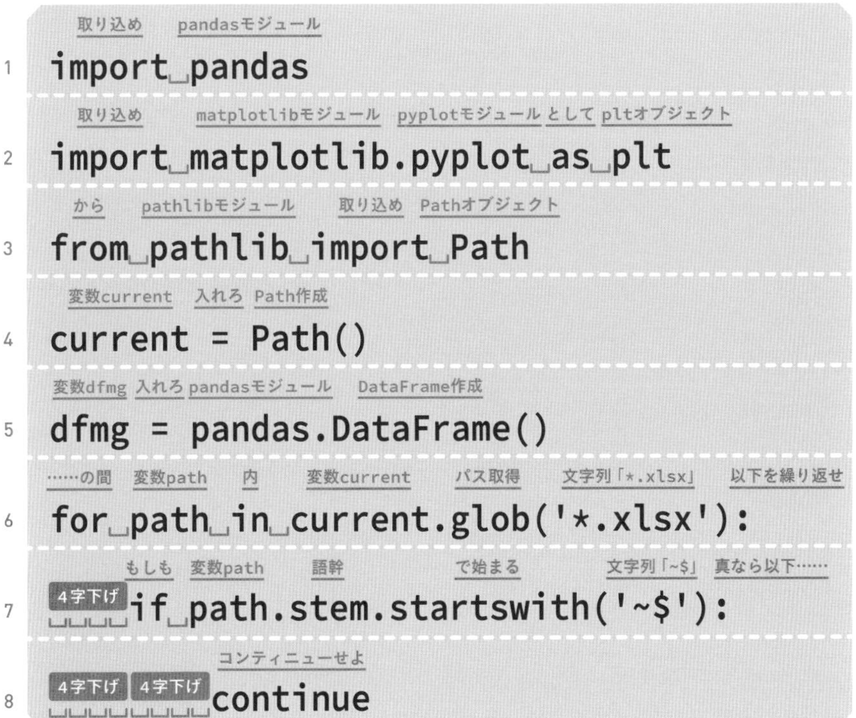

読み下し文

```
pandasモジュールを取り込め
matplotlibモジュールのpyplotモジュールをpltオブジェクトとして取り込め
pathlibモジュールからPathオブジェクトを取り込め
Pathオブジェクトを作成し、変数currentに入れろ
pandasモジュールのDataFrameオブジェクトを作成し、変数dfmgに入れろ
文字列「*.xlsx」を指定して変数current内のパスを取得し、変数pathに順次入れる間、以下を繰り返せ
    もしも「変数pathの語幹は文字列「~$」で始まる」が真なら以下を実行せよ
        コンティニューせよ
```

Excelファイルを読み込んで連結します。[成立日] 列をインデックスにする必要があるので、index_col=1を指定します。必要なデータは [金額] 列だけなので、それを取り出して列名をファイル名にし、変数dfmgに連結します。

■chap6/sample2/combi_c6_3.py（中盤）

```
    変数df 入れろ pandasモジュール Excelを読み込め
    df = pandas.read_excel(
            変数path 引数sheet_nameに数値0 引数headerに数値0
            path, sheet_name=0, header=0,
            引数index_colに数値1
            index_col=1)
    変数srs 入れろ 変数df 文字列「金額」
    srs = df['金額']
    変数srs 名前 入れろ 変数path 語幹
    srs.name = path.stem
    変数dfmg 入れろ pandasモジュール 連結しろ 変数dfmg 変数srs
    dfmg = pandas.concat([dfmg, srs],
                    引数axisに数値1
                    axis=1)
```

読み下し文

9 10 11 変数pathと引数sheet_nameに数値0と引数headerに数値0と引数index_colに数値1を指定してpandasモジュールでExcelを読み込み、結果を変数dfに入れろ

12 変数dfの列［金額］を変数srsに入れろ

13 変数pathの語幹を変数srsの名前に入れろ

14 15 リスト［変数dfmg, 変数srs］と引数axisに数値1を指定してpandasモジュールで連結し、結果を変数dfmgに入れろ

データが揃ったので最後の処理をします。DataFrame.cumsumメソッドで累積和を求め、DataFrame.interpolateメソッドで欠損値を補間します。あとはグラフを表示して完了です。

■chap6/sample2/combi_c6_3.py（後半）

変数dfcs 入れろ 変数dfmg 累積和を求めろ

```
16 dfcs = dfmg.cumsum()
```

変数dfcs 入れろ 変数dfcs 補間しろ

```
17 dfcs = dfcs.interpolate()
```

変数dfcs プロットしろ

```
18 dfcs.plot()
```

pltオブジェクト 表示しろ

```
19 plt.show()
```

読み下し文

16 変数dfmgの累積和を求め、変数dfcsに入れろ

17 変数dfcsを補間して、変数dfcsに入れろ

18 変数dfcsをプロットしろ

19 pltオブジェクトを表示しろ

これで終わりですか？　軸の書式を変えたり、グラフを保存したりしたいんですけど

さらに文例を合体したらいいじゃないか。もう君にもできるはずだよ

## あとがき

Chapter 1の冒頭でも触れましたが、「入門書の次に何をすればいいのか」というのはなかなかに難しいテーマです。本書ではそれを「組み合わせ体験を積むこと」と定めて、その部品となる文例を提供しました。いくつか合体文例を紹介しましたが、皆さんもいろいろと試行錯誤して、ぜひオリジナルの組み合わせを探してみてください。

ある程度、組み合わせに慣れてきたら、次は新しい文例を仕入れてみましょう。その仕入れ元とは、Python公式やサードパーティ製ライブラリのドキュメントです。本書の文例には、公式のドキュメントのURLを必ず（引数の解説を減らしてでも）付けています。文例を読むときに、実際のドキュメントでどう解説されているのかをあわせて見ていけば、それも大きな力になります。

文例を組み合わせる力と、ドキュメントから文例を仕入れる力が付けば、もう自分である程度のプログラムが作れるようになっているはずです。それだけでプロのITエンジニアになれるとはいいませんが、近い将来、ITエンジニア以外の職種でもプログラミング能力が必須となる時代が来るといわれています。その日のためにも、まずは日々プログラムを作って、仕事をちょっとずつ自動化していきましょう。

最後に監修のビープラウド様をはじめとして、本書の制作に携わった皆さまに心よりお礼申し上げます。

2020年7月　リブロワークス

# 索引 | INDEX


**A**
appendメソッド 122
Axesオブジェクト 226
Axis.set_major_formatterメソッド 226
Axisオブジェクト 226
**C**
countメソッド 112
CSVファイル 194
**D**
DataFrame.cumsumメソッド 218
DataFrame.dropメソッド 214
DataFrame.interpolateメソッド 220
DataFrame.plotメソッド 222
DataFrame.sumメソッド 208
DataFrame.to_csvメソッド 198
DataFrame.to_excelメソッド 200
DataFrame.Tプロパティ 204
DataFrameオブジェクト 193
datetime.fromtimestampメソッド 58
datetime.strftimeメソッド 62
datetime.strptimeメソッド 63, 190
datetime.todayメソッド 60
DatetimeIndexオブジェクト 216
datetimeオブジェクト 60
del文 125
dict.itemsメソッド 138
dictオブジェクト 119
**E**
enumerate関数 120
Excelファイル 196
**F**
FIFO 127
flake8 21
**I**
Image._getexifメソッド 190
Image.convertメソッド 166
Image.cropメソッド 162
Image.openメソッド 156
Image.pasteメソッド 168
Image.resizeメソッド 160
Image.rotateメソッド 164
Image.saveメソッド 158
ImageDraw.ellipseメソッド 172
ImageDraw.lineメソッド 173
ImageDraw.rectangleメソッド 172
ImageDraw.textメソッド 176
ImageDrawオブジェクト 170
ImageFontオブジェクト 176
Imageオブジェクト 156
immutable 118
insertメソッド 123
iterable 87
itertools 136, 152
itertools.islice関数 152
itertools.product関数 136
**L**
len関数 76, 112
LIFO 127
list.sortメソッド 134
**M・N**
Matchオブジェクト 96
Matplotlib 222
matplotlib.pyplot.savefigメソッド 230
mutable 118
NaN 220
**P**
pandas 192
pandas.concat関数 212
pandas.DataFrameコンストラクタ 210
pandas.date_range関数 216
pandas.read_csv関数 194, 202
pandas.read_excel関数 196
Path.existsメソッド 38
Path.globメソッド 30
Path.is_dirメソッド 40
Path.is_fileメソッド 40
Path.matchメソッド 42
Path.mkdirメソッド 54
Path.parentプロパティ 72
Path.read_textメソッド 34

Path.renameメソッド 46
Path.rmdirメソッド 56
Path.statメソッド 58
Path.stemプロパティ 44
Path.suffixプロパティ 44
Path.unlinkメソッド 52
Path.write_textメソッド 36
pathlib 29
Pathオブジェクト 29
PIL 155
Pillow 154
pipコマンド 155, 193
popメソッド 126
PowerShell 24
Pythonインタプリタ 18

**R**

raw文字列 96
re.findall関数 98
re.match関数 96
re.sub関数 100
removeメソッド 124
reモジュール 75

**S**

Seriesオブジェクト 193, 206
shutil.copy関数 50
shutil.move関数 48
shutilモジュール 48
sorted関数 135
str.countメソッド 80
str.findメソッド 88
str.joinメソッド 86
str.lowerメソッド 78
str.replaceメソッド 92
str.splitlinesメソッド 84
str.splitメソッド 82
str.startswithメソッド 90
str.upperメソッド 78
str.zfillメソッド 94
StrMethodFormatterオブジェクト 226
strオブジェクト 74
sum関数 206

**V・Z**

Visual Studio Code 19
zip関数 130

**あ行**

アンパック 151
イテレータ 30, 87, 130
インスタンス 26
インスタンスメソッド 26
エスケープシーケンス 77
オブジェクト 26

**か行**

クラス 26
クラスメソッド 26
欠損値 220
コレクション型 118

**さ行**

シーケンス演算 112
シーケンス型 118
辞書 119
書式文字列 229
スライス 112
正規表現 75, 96
ゼロパディング 94

**た行**

ターミナル 24
タプル 118
テキストシーケンス型 74

**な行**

内包表記 132

**は行**

パス 29
パスを連結 72
日付文字列 62
フォーマット文字列 39 , 62 , 95
フォルダーを開く 22

**ま行**

メソッド 26

**ら行**

リスト 118

**わ行**

ワイルドカード 30

## 本書サンプルプログラムのダウンロードについて

本書で使用しているサンプルプログラムは下記の本書サポートページからダウンロードできます。zip形式で圧縮しているので、展開してからご利用ください。

●本書サポートページ

https://book.impress.co.jp/books/1119101161

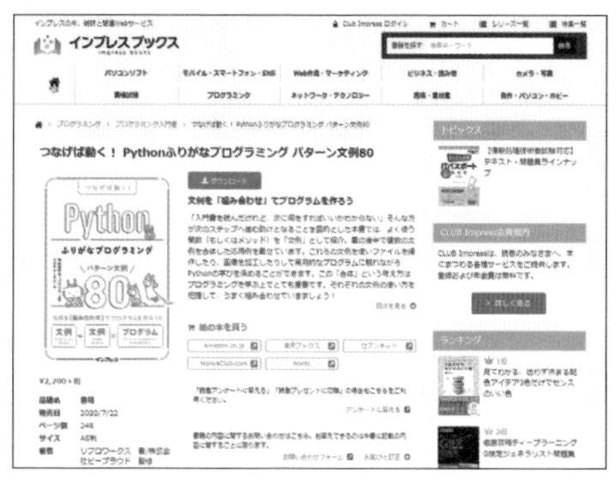


1 上記URLを入力してサポートページを表示

2 ダウンロード をクリック

画面の指示にしたがってファイルをダウンロードしてください。

※Webページのデザインやレイアウトは変更になる場合があります。


STAFF LIST

カバー・本文デザイン
松本 歩（細山田デザイン事務所）

カバー・本文イラスト
加納徳博

DTP 関口忠

校正 聚珍社

デザイン制作室 今津幸弘
鈴木 薫

制作担当デスク 柏倉真理子

企画 株式会社リブロワークス

編集・執筆
大津雄一郎（株式会社リブロワークス）

編集長 柳沼俊宏

■商品に関する問い合わせ先
インプレスブックスのお問い合わせフォームより入力してください。
https://book.impress.co.jp/info/
上記フォームがご利用頂けない場合のメールでの問い合わせ先
info@impress.co.jp

●本書の内容に関するご質問は、お問い合わせフォーム、メールまたは封書にて書名・ISBN・お名前・電話番号と該当するページや具体的な質問内容、お使いの動作環境などを明記のうえ、お問い合わせください。
●電話やFAX等でのご質問には対応しておりません。なお、本書の範囲を超える質問に関しましてはお答えできませんのでご了承ください。
●インプレスブックス（https://book.impress.co.jp/）では、本書を含めインプレスの出版物に関するサポート情報などを提供しておりますのでそちらもご覧ください。
●該当書籍の奥付に記載されている初版発行日から3年が経過した場合、もしくは該当書籍で紹介している製品やサービスについて提供会社によるサポートが終了した場合は、ご質問にお答えしかねる場合があります。
●本書の利用によって生じる直接的あるいは間接的被害について、著者ならびに弊社では一切の責任を負いかねます。あらかじめご了承ください。

■落丁・乱丁本などのお問い合わせ先
TEL：03-6837-5016
FAX：03-6837-5023
service@impress.co.jp
（受付時間 10:00-12:00／13:00-17:30、土日・祝祭日を除く）
●古書店で購入されたものについてはお取り替えできません。

■書店／販売店の窓口
株式会社インプレス 受注センター
TEL：048-449-8040
FAX：048-449-8041
株式会社インプレス 出版営業部
TEL：03-6837-4635

# つなげば動く！ Pythonふりがなプログラミング パターン文例80

2020年7月21日　初版発行

監　修　株式会社ビープラウド
著　者　リブロワークス
発行人　小川 亨
編集人　高橋隆志
発行所　株式会社インプレス
〒101-0051　東京都千代田区神田神保町一丁目105番地
ホームページ　https://book.impress.co.jp/
印刷所　音羽印刷株式会社


ISBN978-4-295-00920-7　C3055
Printed in Japan